设计城市
基础—原则—实践

DESIGNING CITIES
Basics – Principles – Projects

[德] 莱昂哈德·申克　著

唐　燕　祝　贺　陈光洁　译

中国建筑工业出版社

著作权合同登记图字：01-2019-1341 号

图书在版编目（CIP）数据

设计城市　基础—原则—实践／（德）莱昂哈德·申克著；
唐燕，祝贺，陈光洁译 . —北京：中国建筑工业出版社，2019.7
书名原文：DESIGNING CITIES Basics - Principles - Projects
ISBN 978-7-112-23583-4

Ⅰ.①设…　Ⅱ.①莱…②唐…③祝…④陈…　Ⅲ.①城市规划-建
筑设计　Ⅳ.① TU984

中国版本图书馆 CIP 数据核字（2019）第 065256 号

DESIGNING CITIES
Basics – Principles – Projects
Leonhard Schenk
ISBN 978-3-0346-1325-5
© 2013 Birkhäuser Verlag GmbH，Basel P. O. Box 44，4009 Basel，Switzerland，Part of De Gruyter

责任编辑：孙书妍　董苏华
责任校对：王　烨

设计城市
基础—原则—实践
[德] 莱昂哈德·申克　著
唐　燕　祝　贺　陈光洁　译
＊
中国建筑工业出版社出版、发行（北京海淀三里河路 9 号）
各地新华书店、建筑书店经销
北京雅盈中佳图文设计公司制版
天津图文方嘉印刷有限公司印刷
＊
开本：787×1092 毫米　1/16　印张：22¼　字数：364 千字
2019 年 6 月第一版　2019 年 6 月第一次印刷
定价：**248.00** 元
ISBN 978-7-112-23583-4
　　　　（33874）
版权所有　翻印必究
如有印装质量问题，可寄本社退换
（邮政编码 100037）

目录

图例

- 项目　　- 网站　　- 时间（年）　　- 主题
- 竞赛　　- 奖项　　- 分类　　- 标签
- 作者

前言

> "即使是最钟情于艺术理论问题的人，也绝不能妨碍创作者的直觉工作〔……〕艺术理论的存在是为了阐明创意活动，而非唤醒它。"[1]
>
> ——弗里茨·舒马赫（Fritz Schumacher），1926 年

上述引自弗里茨·舒马赫《建筑设计》（Das bauliche Gestalten）中的观点说明了本书的可能性与局限性。我们可以从许多不同的角度、分析方法或流程，来接近创意产生的过程；但是设计的基本特性，也就是舒马赫所谓的"直觉"，是拒绝理性审查的。

本书旨在阐述城市设计的设计原则并使其可以被理解，但并不是说本书会变成指导如何生产城市设计的"食谱"。尽管如此，我仍希望可以借由本书，为建筑师及城市规划师们自己的设计实践增添新的动力。

我由衷感谢研修我两学期课程的研究生们，没有我们的讨论及开创性想法的激发过程，这本书不可能以现在的形式呈现。史蒂芬·麦尔（Steffen Maier）为改善历史案例的图示表现做了很多努力。另外三位同事在文字上做出很大贡献：罗洛·弗特勒（Rolo Fütterer）和马库斯·尼波（Markus Neppl）两位教授为本书中案例的实施情况做出了详尽的描述；奥利弗·弗里茨（Oliver Fritz）介绍了新型的以电脑辅助设计为主的软件设计工具。在此，再次由衷地感谢！

最后特别感谢家人们给予的耐心；感谢我的编辑 Annette Gref，以及我的同事 Martin Feketics 和 Dittmar Machule 教授提供的许多有参考价值的资料；感谢这么多事务所友善地将他们的方案、草图和模型照片赠予我；感谢 Lebendige Stadt 基金会的资金支持。

于康斯坦茨 / 斯图加特，2012 年秋天

莱昂哈德·申克

---

[1] Fritz Schumacher, *Das bauliche Gestalten* (Basel/Berlin/Boston: Birkhäuser, 1991; orig. publ. 1926), p.53.

第 1 章 概论

城市规划 – 城市设计 – 设计准则

— 自 2009 年开始,人类历史上城市人口第一次多于乡村。目前约有 35 亿人口居住在城市中;联合国预测,至 2050 年,将有 63 亿人口住在城市地区。[1] 但即使是所谓的巨型城市(megacities,即拥有 1000 万以上人口的都市)数量不断成长,一半以上的城市居民仍将继续生活在规模较小的城市中心(人口约在 50 万人以下)。据推测,这种不断增长的城市化现象中,只有一小部分会以有计划的方式发生。但对于该部分增长,城市规划与城市设计——即以建筑形式及空间设计为导向的城市规划——将面临无法预想的挑战。

---

1 Here and below,see http://esa.un.org/unpd/wup/pdf/WUP2009_Highlights_Final_R1.pdf(accessed December 20, 2012),p. 1.

城市规划是"在满足人类需求的同时，努力地在城市或社区层面实现空间共存"。[2] 这种努力所面向的方面包含社会、经济以及环境，平衡公私部门的关注点，也包括城市形态、市容和景观的开发、城市设计对城市的保护与发展。[3] 相较城市规划更注重于总体方案的实施及其如何融入社会，城市设计注重的是设计和建筑空间组织的细节。因此，城市设计的目标是创建物质认同以及创造令人难忘的场所。

每个时代都有自己的形态认同（physical identity）标准，以及标准之下建筑结构呈现的形式。隐藏在城市背后的社会基础及艺术秩序清晰可辨，特别是那些古代创建的城市，其形式在今天的亚洲新城中仍在延续。教会的力量、封建主义或公民社会均呈现于中世纪的城市当中；巴洛克城市颂扬统治者的威权主张；19 世纪的城市颂扬新兴中产阶级的自我形象；20 世纪的现代化城市颂扬着工业化、经济成长与城市的机动性。

弗赖堡市（Freiburg im Breisgau），1120 年，德国

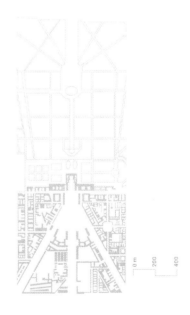

凡尔赛，路易·勒·沃（Louis Le Vau）、安德烈·勒·沃特（André Le Nôtre）等人设计，1668 年，法国

2 Gerd Albers, *Stadtplanung: Eine praxisorientierte Einführung*（Darmstadt: Wissenschaftliche Buchgesellschaft, 1988）, p. 4.
3 See BauGB – Baugesetzbuch（Federal Building Code）, §1（5）, last amended on July 22, 2011.

而典型的中国城市则反映了神圣的宇宙秩序；罗马人建立的提姆加德（Timgad）反映了像罗马营寨城（Castrum Romanum）这样实用的基本结构。有趣的是，这两类城市模型均采用了正交划分的网格作为城市规划的基本形式，但其独立部分的意义完全不同。黑森林地区的文艺复兴城市弗罗伊登施塔特（Freudenstadt）具有理想的网格形态，就如同阿拉伯联合酋长国马斯达尔（Masdar）的理想生态城市一样。

巴西利亚，卢西奥·科斯塔（Lúcio Costa）、奥斯卡·尼迈耶（Oscar Niemeyer），1956年，巴西

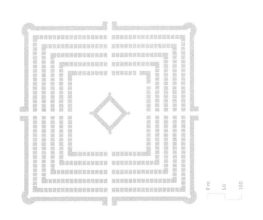

弗罗伊登施塔特，海因里希·西克哈特（Heinrich Schickhardt），1599年，德国

马斯达尔城，Foster + Partners 建筑师事务所，2007年，阿联酋

由于这些案例没有任何一个与其他案例产生关联，因此，城市设计显然具有明确的基本设计与秩序准则，适用于不同的社会模式、时代、潮流，抑或流行趋势。即便是像马斯达尔城这样具有创新性的城市设计概念，也经常使用那些过往的已知设计方法。基本艺术理论及其组成原则很大程度上是恒久不变的，即使它们背后的实质意义有所不同。意义上的转变来自细节的变化，如城市中心地区的内涵转变：中国城市的中心是皇城；希腊城市的中心是公共集会场所；罗马城市的中心是广场；中世纪小城镇的中心则是市场；勒杜（Ledoux）为理想城市肖市（Chaux）所做设计的中心是阿尔克－塞南的皇家盐场（Royal Saltworks in Arc-et-Senans）中的工厂主之家；朗方（L'Enfant）设计的美国首都华盛顿特区的中央为国会大厦；勒·柯布西耶（Le Corbusier）的明日城市的中央设计了一座交通枢纽，其上方有空中出租车停靠在广场形式的屋顶上；福斯特建筑事务所规划的马斯达尔市中央则是未来科技城的酒店及会议中心。

本书所提出的设计与秩序的城市设计准则，来自超过 5000 年的城市历史。部分准则，像正交网格，是非常古老的方法；其他则产生于大约 140 年前，如 1870 年起自发应用于北美郊区的非几何、如画般的聚落准则，以及欧洲始自 1900 年的田园城市模式。与此类似的是城市建筑街区（urban building blocks）——街区构成了城市的各个组成部分。当代城市设计采用的这些各式各样的城市建筑街区，经历了很长时间的发展积累：有些模式有数千年历史；一些模式，如行列式布局，只经过了短短百年。

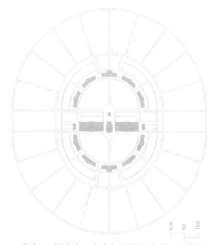

理想城市——肖市，对阿尔克－塞南皇家盐场的拓展，克劳德－尼古拉斯·勒杜（Claude-Nicolas Ledoux），1790 年，法国

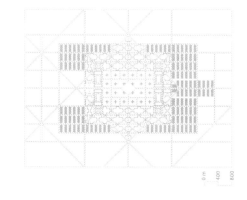

明日城市方案，勒·柯布西耶，1922 年，法国

对于城市设计来说，与建筑设计一样，不论是当代的典范还是传统的形式，都可以应用。在此应强调以下两点：

• 不是所有城市设计都是合理的。每个设计应该关注的是格尔德·阿尔伯斯（Gerd Albers）所说的："在满足人类需求的同时，努力地在城市或社区层面实现空间共存"[4]，成功的城市设计，取决于居民对于城市环境是否认同。

• 城市设计总是以鸟瞰的角度来观察城市。但在城市中，人们却是从使用者的角度来观察环境。只有当使用者也可以体会到城市设计的品质，感受到城市设计带来的秩序和惊喜、和谐与激动等，这才算是实现了设计者的追求目标。

最重要的准则将在后续章节中，借助那些挑选出的历史案例、过去10—15年德国或其他地方的城市设计竞赛方案和获奖作品进行诠释。对每个案例的阐述，注意力都集中在设计方案如何产生，以及设计者运用了哪些设计方法上。

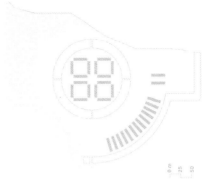

特雷勒堡海盗（Trelleborg Viking）营，980年，丹麦

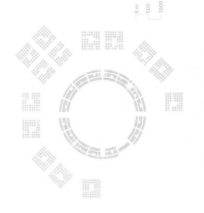

临港新城，gmp 建筑师事务所（gmp Architekten von Gerkan，Marg and Partners），2003年，中国

滨海，安德烈斯·杜安尼（Andrés Duany）、伊丽莎白·普拉特－兹伊贝克（Elisabeth Plater-Zyberk）等，1979年，美国

---

4 Albers，*Stadtplanung*，p. 4.

2

第 2 章　定性特征

— 这里展示的城市设计方案大多是近年来各类竞赛的参赛作品。尽管事实上竞赛项目往往会为参赛者制定他们需要遵循的明确规定与要求，但在竞赛过程中，你总会惊讶于提交的作品所涉及的广度。下文便是试图去发现哪些特征和属性使这些参赛作品能够脱颖而出。

城市设计应当令人满意地处理好背景、功能、经济效益、可持续性和形态设计等不同方面，其中某些方面仅允许有限的描述性解释，但可依据一系列标准规范进行审查——例如功能就是这样一个客观属性。城市设计如果想要变得实用，就需要一个适宜车辆和行人通行，并合理分配其使用权的设计概念；它必须保护场地的自然条件（树木、生物群落、水体保护区等）以及其他更多的东西。

然而尽管如此，很多以合理方式解决功能问题的城市设计却缺乏一些"不同寻常"的设计、一以贯之的理念或是令人过目难忘的"格式塔"（Gestalt）——整体统一性。乍一看，设计这个问题似乎与个人喜好一样主观：一个人可以在乡村或大自然中享受生活，另一个人却可能更喜爱城市中丰富多彩的生活。在不同的设计背景中，这些喜好也可以表明参赛者反映在设计中的立场或态度。如果某位竞赛评委与参赛者的立场相同，其设计在功能方面的处理又是合适的，那么他们就将仔细审视设计的质量。

经验表明，一个设计的成功往往完美综合了以下两点：一是满足委托人和评委的期望，二是方案本身的功能性与设计构想，及其表达出的态度。

大多数人可以直观地识别出手工制品或像汽车之类的工业产品的设计是否良好，这种能力或许也适用于建筑，在较小的空间范围内也能适用于城市设计。但是一个好的设计的特点并不容易被识别出来，由此引发的问题是：在主观标准之外，是否还有客观的可转化的标准。

感知心理学和格式塔心理学为这一问题提供了答案。奥地利哲学家克里斯蒂安·冯·埃伦费尔斯（Christian von Ehrenfels）是率先探究评判设计标准的学者之一。他在 1890 年的文章《论"格式塔的特性"》（On "Gestalt Qualities"）中指出，虽然一段旋律由独立的音符组成，但却不仅仅是它们的总和；使用相同的音符来创建其他旋律也是可能的，而原来的旋律在变调后也可能包含其他音符。根据埃伦费尔斯的说法，从初始阶段中生成的整体——以及随之而来的抽象过程——是格式塔特质的一个重要方面——或者用亚里士多德的话来说，整体大于其各部分的总和。至于在艺术史方面，埃伦费尔斯在他的文章中说："我们所说的在特定艺术领域中对风格的感知，几乎就是掌握和比较相关类别的格式塔特质的能力。"[1]

---

1 Christian von Ehrenfels, "Über Gestaltqualitäten," *Vierteljahrsschrift für wissenschaftliche Philosophie* 14（1890）: 249–92. Translated by Barry Smith as "On 'Gestalt Qualities,'" in *Foundations of Gestalt Theory*, ed. Barry Smith（Munich and Vienna: Philosophia Verlag, 1988）, p. 106. Essay avail. online: ontology.buffalo.edu/smith/book/FoGT/Ehrenfels_Gestalt.pdf

如果新形成的整体（Ganzheit）通过其所具备的格式塔特质令自己与众不同，人们马上就会问如何去衡量它们。埃伦费尔斯在去世前不久所宣称的学说的只言片语中指出："每一个特定的主体都有着某种格式塔。比较地球上的一块泥土或一块石头的格式塔与一只燕子的完全形态（Gestalten，格式塔的复数），我们不得不承认，郁金香或燕子已经实现了特定的完全形态。"[2] 他将其精髓定义为："更高等级的完全形态是整体的统一性和局部的多重性共同组成的结果。"[3]

在埃伦费尔斯之后，认知心理学家和格式塔理论专家沃尔夫冈·梅茨格（Wolfgang Metzger）在一系列实验中调查了人类对视觉感知的看法。在此基础上他制定了视觉法则（Gesetze des Sehens），这也是他在 1936 年首次发表的著作的名字。在这本书中，梅茨格审查了"视觉世界"[4] 的结构，以及人们看待他们所处环境的方式。

2 Christian von Ehrenfels, "Über Gestaltqualitäten（1932），" first published in *Philosophia*（Belgrade）2（1937）: 139–41. Translated by Barry Smith and Mildred Focht as "On Gestalt Qualities（1932），" in *Foundations of Gestalt Theory*, ed. Barry Smith（Munich and Vienna: Philosophia Verlag，1988），p. 121. Essay avail. online: ontology.buffalo.edu/smith/book/FoGT/Ehrenfels_Gestalt_1932.pdf

3 Ibid.，p. 123.

4 Wolfgang Metzger, *Gesetze des Sehens*, 1936. Translated by Lothar Spillmann, et al. as *Laws of Seeing*（Cambridge, MA: MIT Press，2006），p. viii.

2.1 视觉原则

以下视觉原则应当作为范例在这里被提及——在某种程度上它们涉及最后几章中关于城市布局在总平面图或鸟瞰图中的可读性，以及城市中行人视角或城市设计方案的表达视角。

2.1.1 图底原则

人的视觉感知区别了一个物体应当被视作图像还是图底。"在所有投射到眼睛中的形状中，我们通常只能看到那些给人留下印象的图像、事物和实体。"[5] 相比之下，我们似乎在很大程度上无视了背景和图像间的过渡空间。[6] 被认为是图像的东西，往往是在较浅背景上的较暗区域——好比书中的字母。除非对称区域移动到不对称区域前面，当背景较暗时，较浅且对称的区域代表了图像。

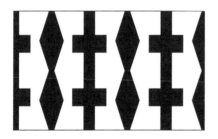 

从根本上说，凸面区域（外凸）的形态相较凹面区域（内凹）更加容易被识别，梅茨格将其称为"内部法则"。[7]

5   Ibid., p. 4.
6   Ibid.
7   Wolfgang Metzger, *Gesetze des Sehens*, 3rd rev. ed. (Frankfurt: Kramer, 1975), p. 41. Only available in German.

在城市设计中，图底平面（黑白平面）是对图底原则的明确应用。白色背景上的黑色建筑允许人们能够精确识别建成形态的构成。然而通过反转图底，在黑色背景上显示白色建筑，建筑物之间的连续空间——即城市空间——便显现出来。

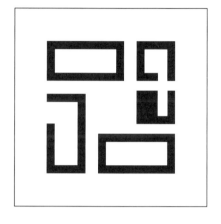

2.1.2　闭合原则

比起未闭合的线条或是与背景同色的闭合区域，那些闭合区域的线条更容易被视作图像。"如果一个被轮廓不完全包围的区域可以被视为图像，那么开放空间就是由（不可见的）轮廓构成的"[8]——只要我们知道实际的图像是哪些。因此，举例来说，建筑物的形状可以仅通过总平面图中其自身施加的淡淡阴影来表示。

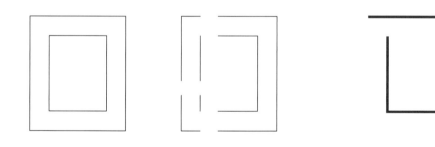

8 Ibid., p. 38.

2.1.3　良好的延续性原则

直线和曲线始终遵循最简单的路径平滑前进。[9]当两条线相交时，人眼不会假设这两条线会在这一点突然改变路径。相反，两个连续线会被识别出来——即使它们在交叉点被部分打断了。例如，在城市设计中，你可以在建筑立面或檐口线的对齐中获得亲身体验。

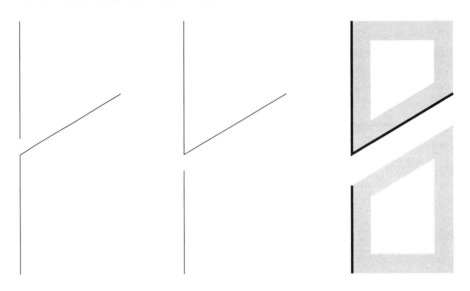

2.1.4　邻近原则

比起彼此远离的元素，紧密相连的元素更容易被视为一个群体——"邻居融合成一个群体"。[10] 举例来说：当几栋建筑物彼此之间距离很近的时候，它们被认为是一个群体，即使它们在设计中没有其他相似之处。

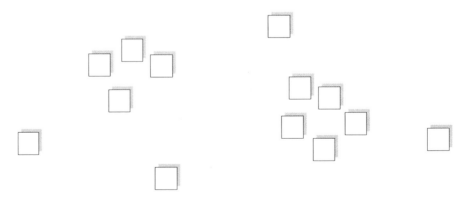

9 Ibid., p. 32.
10 Ibid., p. 30.

2.1.5　相似性原则

比起不对称的图像或排列方式，对称的图像或排列方式更吸引观看者的注意力。垂直的对称轴所产生的这种效果似乎比水平的对称轴更强。[11]

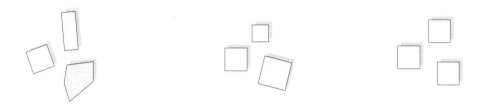

2.1.6　对称原则

对称的图形或布局相较非对称的更加吸引观众的注意力。[12]这种效果在垂直对称轴上比水平对称轴更强。

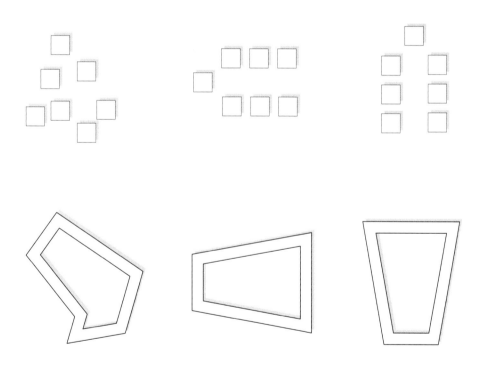

11 Ibid., p. 88.
12 Ibid., p. 10 ff.

2.1.7 良好的格式塔 [或抽象（Prägnanz）] 原则

根据这一原则，"那些能非常自然地同属一处的事物是彼此相契合的，而它们共同组成了有序而统一的结构"。[13] 人类的感官能够识别出规律性并遵从它，因此梅茨格说"人的感知充满了对秩序的爱"。[14] 因此，如果在一个正方形顶部放置一个相同颜色的三角形，我们不会看到一个不规则的多边形，而是一个三角形正位于正方形上（反之亦然）。这种形式对我们来说是否容易去评价其实并不重要，但它看起来"以某种方式保持了和谐"。[15]

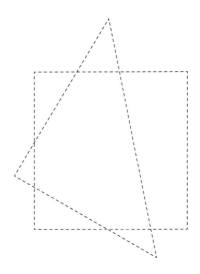

13 Ibid., p. 22.
14 Ibid., p. 19.
15 Ibid., p. 26.

在各种精美图像的比较中，更简单的图像通常更优秀。

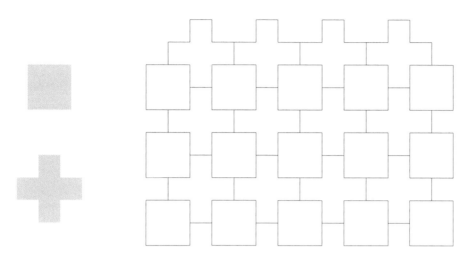

梅茨格指出，在没有混乱和冗余的意义上，抽象（Prägnanz，一种意义丰富的简洁性）的确与负熵相关。如果进一步考虑这些说法，那么过多地使用抽象最终会导致单调性。

2.2 格式塔理论与城市设计

鲁道夫·维南兹（Rudolf Wienands）在他出版于 1985 年《设计的基础建设和城市规划》（Grundlagen der Gestaltung zu Bau und Stadtbau）一书的设计引言中，成功地将埃伦费尔斯、梅茨格等人的深刻见解引入建筑和城市设计领域中。维南兹对建筑和城市设计中形式的缺失（Gestaltverlust）表示遗憾与反对，并将整体原则（Übersummenprinzip）、图底关系和抽象作为他设计理论的核心主题。

2.2.1 整体与格式塔

维南兹为整体原则和格式塔做出了如下定义："完全形态（形式、图像）是这样一种实体：它的各部分都是由整体确定的，其中所有部分都支持并决定另外一个；这一实体的基本属性并不能从各部分特性的总和中简单获得。"[16]

2.2.2 图底原则

维南兹强调了背景，即图像间的空间——在设计中与建筑物有同等的重要性："相对容易识别的建筑物间的背景是一种与建筑物一样有意义的思考对象——这意味着图像间的空间更多地展示出与建筑群本身相同的形象特性——建筑物和背景就会形成越多的不可分离的整体或（城市/区域）格式塔。"[17]

2.2.3 抽象

引用梅茨格的观点，维南兹认为抽象具有以下属性："每一种对于格式塔或形式的看法都趋向于最大程度地找到规律性、对称性、统一性、简单性、平衡性和稀缺性。"[18] 格式塔的特性在很大程度上取决于它的边界："边界越明晰、越严格、越闭合，图像的抽象或格式塔就越多。"[19]

边界可以是外部边界，如城市轮廓；也可以是内部边界，如公共广场。

16 Rudolf Wienands, *Grundlagen der Gestaltung zu Bau und Stadtbau*（Basel/Boston/Stuttgart: Birkhäuser, 1985）, p. 17.
17 Ibid., p. 32.
18 Ibid., p. 47.
19 Ibid.

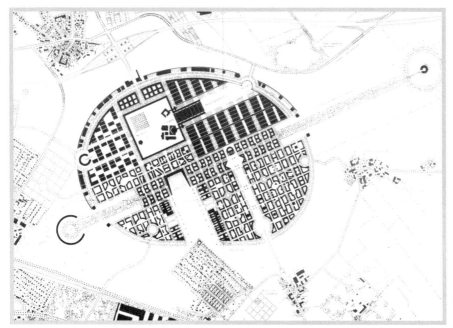

从完整形态中抽象出的外部
与内部边界

广场区域细节

- 机场场地的改造，慕尼黑 – 里姆，德国
- 安德烈亚斯·勃兰特（Andreas Brandt）、鲁道夫·伯切尔（Rudolf Böttcher），柏林
- 优胜奖（merit award）
- 1991 年
- 城市再开发 – 机场改造 – 新区和贸易用地
- **格式塔 / 抽象**（外部与内部边界）
- 几何原则；分割法；正交网格；发展场地布局：轴线、对称、层级；通过塑形塑造场地

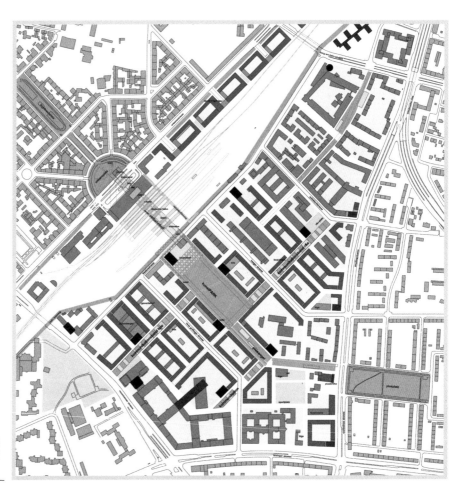

和两个历史广场一样，新设计的广场也以富有内涵的简洁形式而著名

模型

 火车东站附近（Rund um den Ostbahnhof），慕尼黑，德国

🖉 – 03 建筑师事务所，慕尼黑

🖥 – www.03arch.de

🏆 – 一等奖

📅 – 2002 年

🗂 – 城市再开发 – 城市新区

◈ – 提炼（内部边界）

🏷 – 几何准则；累加法；正交网格；城市建筑街区；封闭城市建筑街区，高层塔楼，混合；发展场地布局；轴线；组合塑造场地；建筑划定绿色空间

含蓄地说，由于各部分更自由地分散，要想形成清晰的边界、简洁的形状和形式便变得更加困难。20 世纪六七十年代建成的绝大多数大型住房项目都被认为是失败的，没有达成规划者所承诺的生活质量的提高。

以上三个原则就足以让城市设计师创造令人难忘的场所和生活环境了吗？过分的统一和简洁会使空间变得无聊吗？简洁的设计会变得太简单和容易预测吗？格式塔难道不需要一定程度的混乱才能令人兴奋吗？

2.2.4 对比原则

维南兹引入了对比的概念，意指人们努力同时满足对立需求的特质，如约束与自由、秩序与混乱、传统与创新。[20] 的确，将对角线引入一个正交的城市平面布局，打断一个过分僵化的方形网格，移除部分的建筑肌理——如公共广场，以及建成区与未建成区间令人激动的节奏，或是空间布局的有限性和对宽阔空间需求之间的矛盾，高低错落的建筑物，这些都让城市设计变得独特而充满意义。

20 Ibid., p. 30.

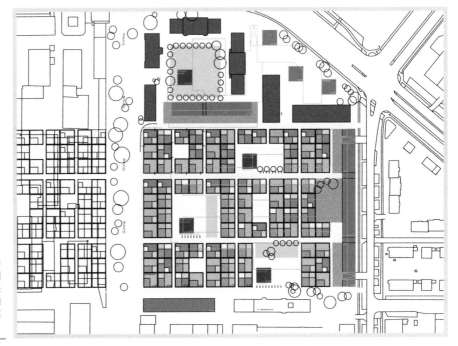

该设计特别令人难忘，因为方案中形成的对比令人感到兴奋，对比存在于建筑和未建的区域之间，限制空间和开敞空间环境之间，以及高层和低矮的建筑之间

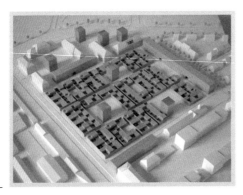

模型

⊘ — 维森费德制造联盟住宅展
（Werkbundsiedlung Wiesenfeld），
慕尼黑，德国

▨ — Meck 建筑师事务所、Burger 景观设计师事务所，慕尼黑

▭ — www.meck-architekten.de

◉ — 获奖人（住房）

▦ — 2006 年

▧ — 城市再开发 - 军用地转化 - 居住新区

◈ — 对比

◈ — 几何准则；累加法；正交网格；城市建筑街区；高层塔楼，地毯式发展，独立建筑；通过留白的方式塑造场地；表现：表现模型

2.3 定性特征的另一种途径

2.3.1 积极的属性与分类

当比赛结束时，通常习惯制作一份评判报告，以简要记录那些获奖项目。下表是从这些评判中找出积极的描述，从整体性、各部分的多样性、简要性和对比性等方面进行分类。

整体性（Ganzheit）	多样性	简要性	对比性	其他特点
平衡的	多种多样的	易读的（抽象）	动态的	适当的
统一的	详细的	有吸引力的	引人注目的	需求导向
和谐的	有区别的	平衡的	互补的	非常高效
同质的	结构化的	合理的	丰富的对比	有逻辑的
紧凑的	好玩的	独立的	令人兴奋的	功能性的
发展的	多方面的	明确的	充满激情的	高质量的
按规定比例的		令人难忘的		可行的
限制的		熟练的		健壮的
宁静的		慷慨的		稳定的
敏感的		个人的		深入的
明智的		清晰的		经济的
一丝不苟的		一致的		当代的
平静的		概念上的		断断续续的
		强大的		
		简洁的		
		精确的		
		直截了当的		
		自信的		
		引人注目的		
		明白无误的		
		匀称的		

这几种属性既面向整体，同时也是提炼的结果，这并不奇怪，因为整体本身可以被提炼的特点所描述。[21] 属性从"需求导向"、"功能性"、"经济性"、"效率"、"可行性"出发，通过对比，将设计与其功能清晰地联系在一起。

---

[21] See Metzger, 1975, p. 218 ff.

至此，部分未出现在讨论内容中的关键条目需要更加详细的解释。

2.3.2 深度

城市设计的深度可以理解为对设计理念贯穿于各个层次的表征程度：宏观与微观的设计都是建立在相同或相关的设计准则之上的。举例而言：城市或者新区是不同区域组成的特定组团；区域根据相同的准则组织建设，用地上的建筑物也根据这一准则被组织起来。

2.3.3 碎片质量

已经具备较高空间品质和特征的局部建设结构决定了城市设计的碎片质量——例如已经完成的第一阶段建设，无论出于什么原因，最初的设计是无据可循的。因为城市设计的实施通常发生于很长的时间段内，指导准则或最初的目标很可能因为政治与经济的发展发生改变。

2.3.4 稳定性

因为长时间段内实施的需要，一项设计必须具有足够的稳定性与可行性；这样才能适应建筑类型、使用需求等变化，避免偏离城市设计的基本理念及其应有的质量。

因为城市设计概念与建筑实施的责任很少能达成统一，所以稳定性还意味着设计首先需要能够包容不同的建筑质量，以及建筑语言。在来自斯图加特大学的克劳斯·汉姆波特教授（Prof. Klaus Humpert）的演讲和评论中，他热衷于表达城市设计应当做到"建筑安全"。

建设用地在开发区域上的组织和城市建筑街区在建设用地上的组织遵循的是相同的准则：围绕特定形态的区域形成组团

 — **居住区和景观公园**，埃朗根（Erlangen），德国

 — Franke + Messmer 事务所，埃姆斯基尔兴（Emskirchen）；Rößner & Waldmann 事务所，埃朗根；E. Tautorat，菲尔特（Fürth）

 — www.architekten-franke-messmer.de

 — 二等奖

 — 2009 年

 — 城市扩展 – 居住新区

 — **深度**（流行的设计理念）

 — 几何准则；累加法；建筑布局：重复 / 韵律、组群；尽端式网络；通过组合塑造场地；社区 / 宅间绿色和开放空间，错综复杂的绿色空间

2.4 比例

从很久以前，人们就开始思考如何使完整的形态、一座建筑、一座雕塑、一种形式或是一幅画面的出现具有良好的比例，美丽且和谐。关于"不同特性的独立部分如何与整体产生关系"的比例理论方面的出版物比比皆是[22]，在此我们只需简要引用对秩序的解释体系。

2.4.1 数学秩序

毕达哥拉斯学派的数学家们曾试图通过数学秩序去理解这个世界，他们声称数学是"万物的准则"。人们发现音乐同样遵循某种数学关系，即和谐的"乐律"，这一发现为通过数学秩序理解万物提供了基础性的支撑。因此乐器可以通过调整琴弦长度的标准间隔使音调相互之间形成准确的比例关系：比如八度音程为 1 ∶ 2，三度为 4 ∶ 5，四度为 3 ∶ 4，五度为 2 ∶ 3 等。[23] 人体比例的研究和复杂的几何学知识加强了古希腊人对于宇宙遵从数学法则的信仰，他们认为和谐是数字比例的体现。

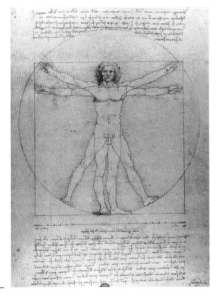

维特鲁威人
莱昂纳多·达·芬奇根据维特鲁威人绘制的人体比例图示，威尼斯美术学院画廊

2.4.2 人体尺度

古罗马建筑师维特鲁威将人体形态的比例准则看作是具有明确关系的构造秩序。基于这些秩序，将柱式的直径与总高度比例定为 1 ∶ 6 至 1 ∶ 10。柱式直径的倍数作为柱子放置的间距。同时维特鲁威将人体分为两个部分：足部占 1/6，面部占 1/10，伸开手臂的胸部宽度占总人体高度的 1/4。[24] 根据维特鲁威的理论，甚至是基本几何形的方和圆也在人体上所体现。

22 Roland Knauer，*Entwerfen und Darstellen：Die Zeichnung als Mittel des architektonischen Entwurfs*，2nd ed.（Berlin：Ernst & Sohn，2002），p. 31.
23 Paul von Naredi-Rainer，*Architektur und Harmonie：Zahl，Maß und Proportion in der abendländischen Baukunst*，5th ed.（Cologne：DuMont，1995），p. 13.
24 See Knauer，*Entwerfen und Darstellen*，p. 34.

对这一理论最为人所熟知的可视化表达是莱昂纳多·达·芬奇创作的《维特鲁威人》，画中人体伸展的手臂和腿部构成了方形和圆形的关系。

2.4.3　黄金分割

几乎没有任何比例法则可以像该比例一样一直被称作黄金比例，也就是所谓的"黄金分割"，它描述了一个长宽比为 1 ： ~ 1.618（近似）的比例。这一比例自古以来就被视为美学与和谐的缩影。[25] 黄金分割还是摄影与艺术准则的重要组成部分。该比例往往被简化为 3 ： 5 或 5 ： 8。

黄金分割因为以下几种原因令人着迷：

• 该比例可以从人体比例同时也能从代数学和几何学中得出。在代数中，黄金分割被表达为公式 a ： b=（a+b）： a*。如果线段 A 和 B 的长度呈黄金分割比，那么 a ： b 大约等于 1.618。

由黄金分割比例构建几何体（左），以及方形、圆形和三角形之间的关系（右）

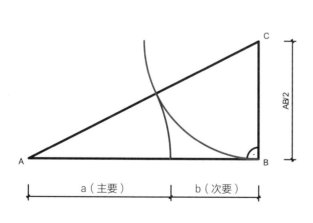

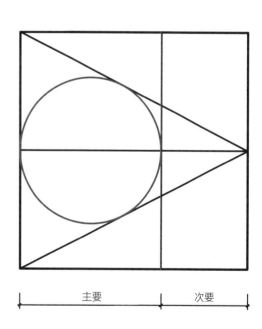

25 See http://en.wikipedia.org/wiki/Golden_ratio（accessed on November 24，2012）．
* 　此处的公式原书是错的。——译者注

黄金分割也经常在人体上被发现，比如肚脐将人的上半身和下半身（从头到脚）的长度大致分为黄金分割，人的全身上下还有很多黄金分割，甚至是第一颗门牙的宽度与相邻的第二颗牙宽度的比例大致也是黄金分割比。[26]

• 黄金分割似乎也是建筑设计最重要的准则之一。几乎在各个时代的建筑中都可以看到黄金分割，尽管它们的测量结果很少达到数学上的精准程度。黄金分割比例的使用经常是无意识的。[27] 其中最著名的范例是公元前 5 世纪建于雅典卫城的帕提农神庙。在现代，勒·柯布西耶利用黄金分割发展了模数化理论，他的理论建立在对人体尺度比例的研究之上。

• 不断重复的实证研究表明拥有黄金分割比例的长方形（又称黄金长方形）相较于其他长宽比例的长方形更加让人的视觉愉悦。

• 利用序列的方式（经纬排序），维特鲁威提出整体和局部的比例应当一致，即比例来自"一项实物由其中独立的个体组成，共同联系起整体"。[28] 这一要求被黄金分割比例所主导：一个黄金长方形还可以被分解成一个正方形和另一个更小的黄金长方形。这样的分割是无止境的，由此形成一系列比例关系（将局部与整体联系起来）。

每一个黄金矩形都可以被分割成一个正方形，和另一个较小的黄金矩形，这个过程可以无限重复进行

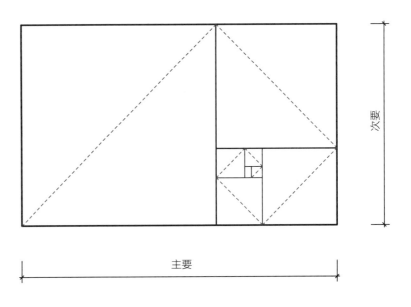

次要

主要

26 See http://www.golden-section.eu/kapitel5.html（accessed on November 11，2011； German only）.
27 See Naredi-Rainer, *Architektur und Harmonie*, p. 196 f.
28 Vitruvius, *The Ten Books on Architecture*, translated by M. H. Morgan（New York: Dover Publications, 1960）, p. 13.

2.5 城市设计中的比例

城市设计也普遍遵循既定的比例规则，举例来说当创造一个区域或是建筑物、街道、广场和开放空间的三维形态时，无论平面或者断面，或者甚至是界定街道或建筑物的长宽高比例时都应考虑其比例。

尽管如此，设计中和谐的比例关系并非成功的诀窍。达·芬奇甚至警告说，不要盲目地遵守规则："这些规则只适用于纠正数字……如果你试着把这些规则应用到创作中，你将永远得不到最终的成果，同时还会使你的作品产生混乱。"[29]

29 Jean Paul Richter，ed.，*The Notebooks of Leonardo Da Vinci：Compiled and Edited from the Original Manuscripts*，vol. 1（New York：Dover Publications，1970），p. 18.

3

第 3 章　一般性的组织原则

— 城市设计方案从根本上基于两个组织原则：几何准则和非几何
准则。

3.1 非几何准则

3.1.1 生物形态 / 有机体

许多非几何形态的城市结构呈现出生物形态——例如风景如画的、曲线构图的中世纪城市布局。它们似乎已经进化了几个世纪，被大自然的力量所塑造。对于有些城市，如厄林根公爵（Dukes of Zähringen）在 12 和 13 世纪建立的德国的布赖斯高地区的弗赖堡、罗特威尔和菲林根，以及瑞士的伯尔尼，它们是根据一种标准化的方案建设的。

在其他中世纪城市的建立中，也有统一的规划规则。[1]除了这种规则所塑造的城市，一种演化而来的、充满活力的、流动的形态也被称为"有机体"。[2]在这方面，新的规则定义了一种数学规则或算数系统的对立面，例如一个理性的矩形街道网格。从 19 世纪到第一次世界大战之前，规划师们为居住区精心设计出了一种风景如画的、有组织的城市设计，为上层阶级创造了独特的郊区，并在城市公园运动中，为紧凑的、密集的、对立的工业化城市建立了另一种模式。相比之下，城市设计中的有机形式与现代主义格格不入。直到后现代主义对于现代主义的批判，这些旧有的设计原则才被人们重新探索。

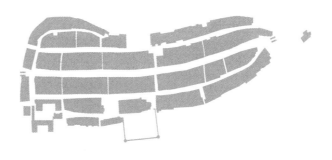

伯尔尼，1191 年，瑞士

0 m   50   100

---

1   See Klaus Humpert and Martin Schenk, *Entdeckung der mittelalterlichen Stadtplanung: Das Ende vom Mythos der gewachsenen Stadt* (Stuttgart: Konrad Theiss, 2001), p. 378 ff.
2   Organic, as used here, is not to be confused with the "organic urban design" (*organische Stadtbaukunst*) that Hans Reichow presented in his book *Von der Großstadt zur Stadtlandschaft* (1948). His model is the organic city, defined as an urban landscape determined by natural landscapes and organized into neighborhoods, in contrast to the compact, historical city.

从最高点的中心，延伸到大
海，就像海星的触手一样

- Europan 8，卡拉库科（Kalakukko），
库奥皮奥（Kupio）地区，芬兰

- CITYFÖRSTER 建筑与城市规划事务
所，柏林／汉诺威／伦敦／奥斯陆／鹿
特丹／萨莱诺（Salerno）

- www.cityfoerster.net

- 一等奖

- 2006 年

- 城市扩展 - 居住新区

- **生物形态／有机体准则**

- 城市建筑街区：封闭地块，线性布
局；尽端式路网；通过立体感塑造场
地；拓宽街道空间

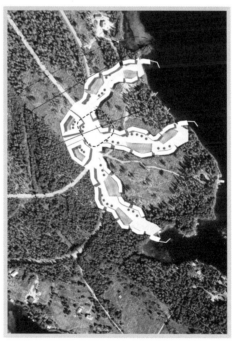

说明性场地方案

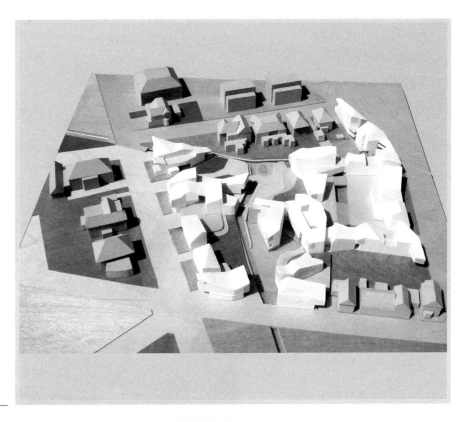

建筑看起来由自然塑造

场地规划

⏺ — Europan 7，Hengelo O-kwadraat，
亨厄洛（Hengelo），荷兰

✎ — Bötger-Oudshoorn 建筑工作室，海牙

🖥 — www.botgeroudshoorn.nl

🏆 — 二等奖

📅 — 2004 年

📁 — 内城开发，居住新区

◈ — **生物形态 / 有机体准则**

🔖 — 溶解地块，线性布局，行列式布局，
　　点式

这种结构的肌理始终遵循起伏的自然地形

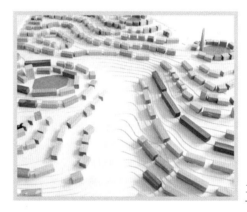

工作模型

🎯 — **Mühlpfad/Herrengrund**，施韦根
（Schwaigern），德国

✏️ — Günter Telian 教授和 P. Valovic，
卡尔斯鲁厄（Karlsruhe）

🖥 — www.competitionline.com/de/
bueros/13178

🏅 — 四等奖

📅 — 2004 年

🗂 — 城市扩展，居住新区

📑 — **生物形态 / 有机体准则**

🏷 — 累加法；城市建筑街区：线性布局，
点式；尽端式路网；拓宽街道空间；
区级绿色和开放空间

风景优美的居住区前面是一
个人口稠密的城区

| 0 | 100 | 200 | 300 | 400 | 500 m |

说明性场地方案

🔘 — **都江堰新城**，中国

📝 — florian krieger 建筑与规划事务所，达姆施塔特；Irene Burkhardt 景观设计师事务所，慕尼黑

🖥 — www.florian-krieger.de

📅 — 2008 年

🗂 — 城市扩展，地震后重建项目

📚 — **生物形态 / 有机体准则**（次级区域）

🏷 — 累加法；城市建筑街区：城市街块，点式；发展场地布局；组群；环形街道网络；曲线街道空间；滨水生活

－ 卡塔尔·彭迪克（Kartal Pendik）总
体规划，伊斯坦布尔，土耳其

－ 扎哈·哈迪德建筑师事务所，伦敦

－ www.zaha-hadid.com

－ 一等奖

－ 2006 年

－ 城市再开发，新次级中心

－ **生物形态 / 有机体准则**

－ 拉伸网格，城市建筑街区：溶解地块，
高层塔楼；曲线街道空间；表现方
式：说明性场地方案

这种迷人的形状使人联想到解剖学上的横截面

部分居住邻里采用严谨的几何结构，其他则呈现有机演变的形态

乡村氛围的居住环境

⊙ — Beckershof，亨施泰特 – 乌尔茨堡
　　（Henstedt–Ulzburg），德国

✎ — Schellenberg + Bäumler 建筑师事务
　　所，德累斯顿（Dresden）

🖵 — www.schellenberg-baeumler.de

🏆 — 一等奖

📅 — 2004 年

🗁 — 城市扩展，新区

◈ — 生物形态 / 有机体准则（次级区域）

🏷 — 累加法；城市建筑街区：线性布局，
　　点式；发展场地布局：重复 / 韵律、
　　组群；尽端式路网，环形街道网络；
　　曲折并拓宽的街道空间

3.1.2 自由、艺术构成与拼接

第二组的非几何的组织原则包括自由布局、艺术构成与拼接。自由布局，比如在一个公园中景观建筑群松散排列，与交通路线分离（规模甚至可以是一系列自由分布的高层建筑，如在柏林的 Märkisches Viertel），是战后现代主义的产品。[3] 拼接原则的发展相对较晚，主要见于 20 世纪 90 年代的解构主义建筑中。简而言之，在解构主义城市设计中，或是类似这种风格的建筑中，城市结构被分解成元素，经过解构和重新组织，这意味着它们经过这一过程被赋予新的含义。这一原则典型的案例是扎哈·哈迪德与丹尼尔·李伯斯金的城市设计方案。

而这些设计正面临严重的挑战，最近越来越多的总体方案，尤其是出自哈迪德之手的方案，表现出流动与柔软感觉的同时却缺少活力和生物形态语言。在这一组词汇中如自由、艺术构成与拼接仅仅是辅助描述，因为这些设计都是有意为之，而非自发形成。但是这些设计标准是独立的，无法相互转换，在某些情况下没有作者的解释是难以理解的。尽管李伯斯金最初指的是建筑和城市设计领域之外的事情和事件，但是哈迪德扩展了她的目标，将其描述为实现新的空间理解："最重要的是运动，物质的流动，非几何的几何学，没有任何东西在重复—— 一种新的空间秩序"[4]，一个很好的建筑例子是柏林的犹太博物馆。

---

3 See Dietmar Reinborn, *Städtebau im 19. und 20. Jahrhundert*（Stuttgart: Kohlhammer，1996），p. 244 ff.

4 http://www.mak.at/en/program/event/132fluid_terrains147（accessed December 20, 2012）.

场地绿色网络	场地主要联系	场地公共活动
场地标志	场地视线	场地公共交通
场地混合功能	场地混合功能区	场地分区

功能性图示

不同城市建筑组成的拼贴画并没有提供最终的设计，而是展示了各种各样的发展可能性

🎯 — **Europan 9，城市鸡尾酒（Urban cocktail），华沙，波兰**

✏️ — BudCud 事务所；Michal Palej、Artur Michalak、Patrycja Okuljar-Sowa，克拉科夫（Krakow），波兰

🖥️ — www.budcud.org

🏆 — 一等奖

📅 — 2008 年

🗂️ — 城市再开发，内城开发，功能为文化、居住和工作的城市新区

📚 — **自由、艺术构成与拼接**

🏷️ — 图表、模型

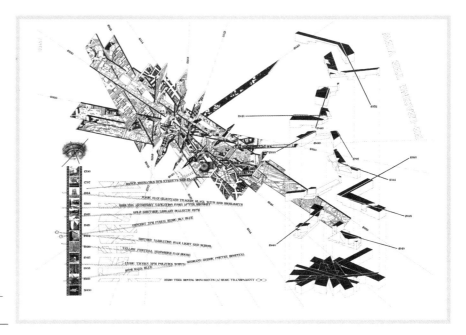

这个设计是源自"波茨坦广场记忆的符号片段"

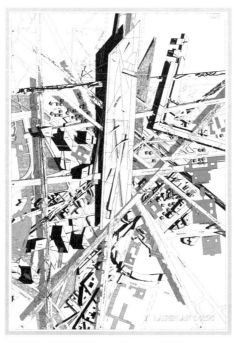

场地方案

 — 波茨坦广场 / 莱比锡广场，柏林，德国

— 丹尼尔·李伯金斯工作室（Studio Daniel Libeskind），纽约

— www.daniel-libeskind.com

— 1991 年

— 城市修复，重建 / 重新诠释区域和广场

— 自由艺术构成与拼贴画

— 城市设计作为宏观形式；城市建筑街区：行列式 / 高层板楼，点式 / 高层塔楼，混合

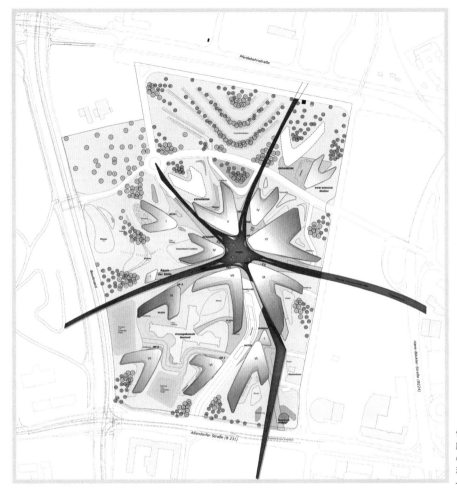

作者的陈述："各个方向上螺旋形的轴线，形成了一个离心场，构建了建筑物的轮廓和周围的景观。"

视觉效果

⊙ — 蒂森克虏伯（ThyssenKrupp）地区，埃森（Essen），德国

✐ — 扎哈·哈迪德建筑师事务所，伦敦；
ST raum a. 景观设计师事务所，柏林／慕尼黑／斯图加特

🖥 — www.zaha-hadid.com

⊗ — 三等奖

📅 — 2006 年

🗂 — 城市更新，工业区持续开发，新公司集团总部

▤ — 自由艺术构成与拼贴画

◈ — 抽象，累加法；场地发展布局：等级化，组群

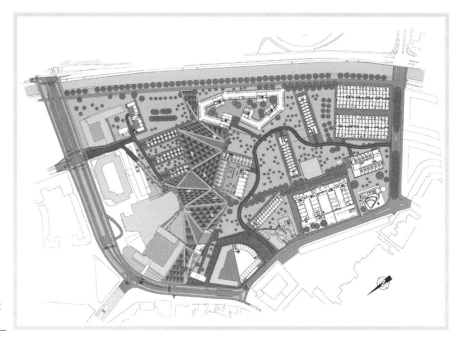

紧凑而多样的建筑在公园景观中自由地分布

模型

- Chassé Terrein 总体规划，布雷达（Breda），荷兰
- OMA 设计事务所，鹿特丹 / 北京 / 香港 / 纽约；West 8 城市设计与景观建筑事务所，鹿特丹 / 纽约
- www.oma.eu
- 一等奖
- 1996 年
- 城市再开发，军用地转化，城市新区
- **自由艺术构成与拼贴画**
- 城市建筑街区：溶解街块，庭院，行列式，高层塔楼，空间结构，流动绿色空间

3.2 几何准则

3.2.1 正交网格

正交网格也被称作棋盘网格，时至今日仍是城市设计最常采用的组织原则。"这种适用性穿越地理与时间的界限"[5]，并且在历史上被不同文化所使用。作为一种标准方案，几乎在所有的地形中都可以使用正交网格；在它的帮助下，土地的划分可以很容易和有效地完成。在网格模式中，可以形成中心和层次结构，并且可以灵活地替换构建结构。地理特征可以通过对网格的留白、变形、倾斜变化，或者是曲线来应对。像纽约百老汇这样的老路，可以被街道网格叠加，而像巴塞罗那或华盛顿特区的对角线，可以被切割成网格，而不必放弃原有系统逻辑。根据设计，以正交网格排列的建筑地铁，可以容纳许多不同的建筑类型。早期的案例如在古埃及就已经发现了正交聚落模式，例如公元前14世纪泰勒阿马尔奈（Tell el-Amarna）的行列式的聚居区。其后，古代中国的所有城市都是基于正交网格的城市。

自此开始，这种传统传承至今。网格城市发展存在于完全不同的社会和文化环境的城市发展历史中，从古希腊和古罗马的殖民城市，到中世纪新形成的城镇，再到文艺复兴时期的理想城市概念、现代有规划建设起来的城市以及19世纪后的城市拓展，直到当今像卢森堡的贝尔瓦尔（Belval）钢铁城（2001年至今）和中国青岛的科学城（2011年至今）这样的当代城市项目。

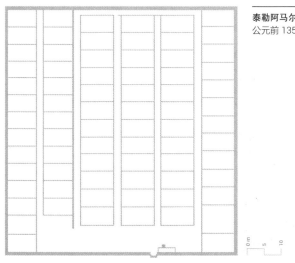

泰勒阿马尔奈（Tell el-Amarna）的工人定居点，公元前1350年（埃及）

5　Spiro Kostof, *The City Shaped: Urban Patterns and Meanings Through History* (Boston: Bulfinch，1991)，p. 95.

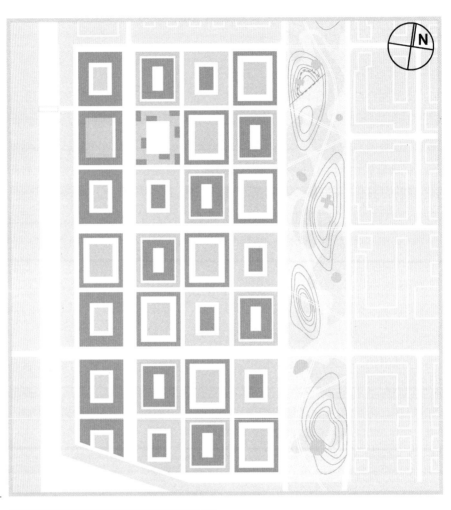

在正交网格中提供了各种建筑和绿化的组合

模型细部

🎯 — Europan 7，郊区框架（Suburban Frames），新乌尔姆（Neu-Ulm），德国

✏️ — florian krieger 建筑与城市设计事务所，达姆施塔特（Darmstadt）

🖥️ — www.florian-krieger.de

🏆 — 一等奖

📅 — 2004 年

📂 — 城市再开发，军用地转化，居住新区

◈ — 几何准则

🏷️ — 活力；累加法；正交网格；城市建筑街区：封闭街区，点式，独立建筑；完整街道网络

- Vatnsmyri 国际城市规划竞赛，雷克雅末克（Reykjavik），冰岛
- 格雷姆·梅西（Graeme Massie）建筑师事务所，爱丁堡
- www.graememassie.com
- 一等奖
- 2008 年
- 城市更新，机场转化，新区
- 几何准则
- 累加法和重叠；重叠正交网格；城市建筑街区；封闭地块；完整街道网络；通过排除、留白和组合塑造场地

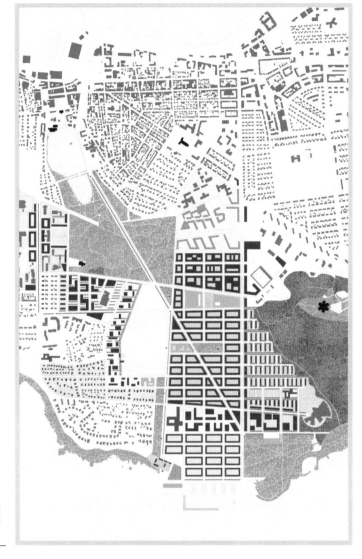

对角线可以打破网格的严格几何形状，同时不需要放弃原有系统逻辑

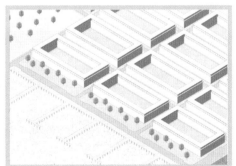

滨水地块轴测图

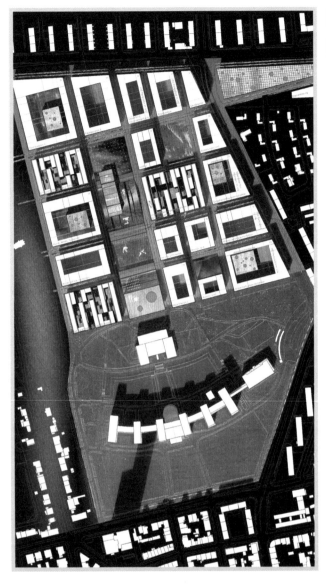

- 歌德（Goethe）大学，西校区，法兰克福，德国

- SIAT GmbH 事务所的罗夫 – 哈拉德 · 艾茨（Rolf-Harald Erz），慕尼黑及迪特尔 · 海格尔（Dieter Heigl），慕尼黑；EGL GmbH 设计事务所，兰茨胡特（Landshut）

- www.erz-architekten.de

- 二等奖

- 2003 年

- 城市再开发，军用地转化，新校区

- 几何准则

- 提炼，分割法；正交网格；城市建筑街区：封闭地块，空间结构，开发场地布局：基准；通过排除与留白塑造场地；建筑划定绿色空间

不同的网格大小和内容创造了多样化的城市空间

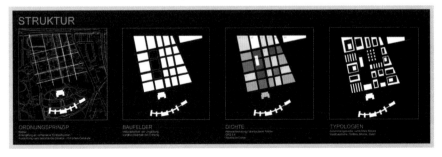

设计图示

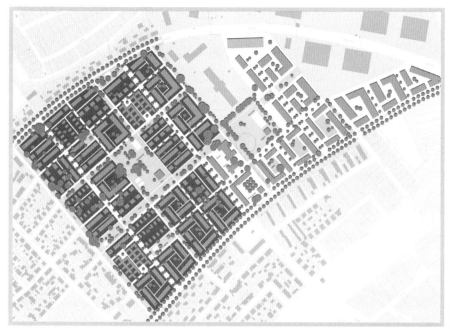

正交网格是一种适用于城市
和郊区的普遍组织原则

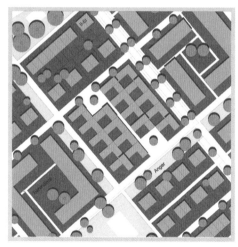

不同类型街区细节

- **军营场地转化**，卡尔斯鲁厄－克涅林根（Karlsruhe-Knielingen），德国

- 尤塔·伦普（Jutta Rump），罗埃特根（Roetgen）

- www.competitionline.com/de/bueros/10372

- 二等奖

- 2003 年

- 城市再开发，军用地转化，居住新区和工业园

- **几何准则**

- 累加法；正交网格；城市建筑街区：开放城市建筑街区，线性布局，点式，空间结构；通过排除、留白和组合塑造场地，社区、宅间绿色和开放空间

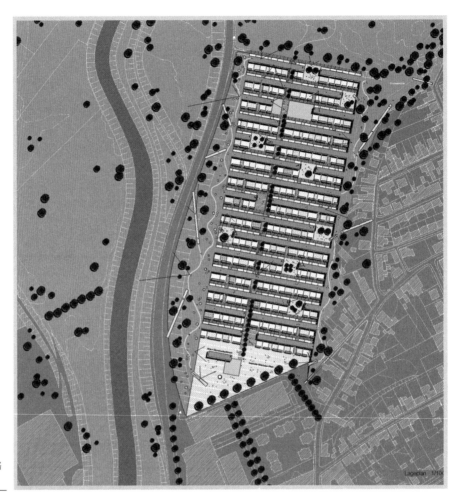

小的留白地块会使原本严格
的网格放松

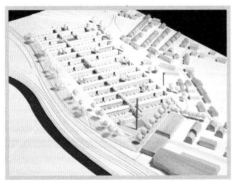

模型

⊙ － **移动区域机场（MOB）**，格雷文
（Greven），德国

✎ － LK 建筑师事务所，科隆（Köln）

🖥 － www.lkarchitekten.de

◉ － 一等奖

📅 － 1999 年

🗂 － 城市再开发，军用地转化，居住新区

◈ － **几何准则**

🏷 － 累加法；城市建筑街区：行列式布
局；通过排除和留白塑造场地

3.2.2 其他几何准则

由于其巨大的灵活性和功能性，正交网格是城市设计中最成功的组织原则。但是与此同时，已经有无数的非正交几何形的组织实验，由于几何形状的限制鲜有成功案例。

环形

1552 年，作者安东尼奥·弗朗西斯科·多尼（Antonio Francesco Doni）构想了一种圆形的城市模型，在中心地带是一个圆形的寺庙。[6] 然而，在城市设计中这种模型并没有被采用：按照圆形的几何特点，当向圆心移动时，组成圆形的各扇形部分的城市地块会越来越窄，越来越近。

相比之下，这个问题在卡尔斯鲁厄的城市规划中得以规避。这座城市规划于 1715 年，是绝对君权时期的产物，采用了凡尔赛的建设模式。圆形的皇室住宅占据了扇形、放射式城市平面的中心，延伸所至的超大尺度的纪念性广场作为整个城市的客厅，城中的街区都面向中心，有着合理的比例与规模。但是，相反的问题出现了，因为从皇宫占据的城市中心向外，圆形的直径越来越长，因此城市建筑街区的面积也越来越大。在 1799 年的时候，这座城市被用作军事用途，通过与圆形垂直的切线型街道解决该问题，作为城市大门之外的一条道路，后来的城市扩张能够通过几乎与切线垂直的连接来解决径向几何形状的问题。

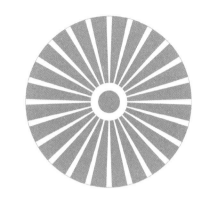

理想城市 "gran città"，安东尼奥·弗朗西斯科·多尼（Antonio Francesco Doni）设计，1552 年

卡尔斯鲁厄，1715 年以来传统的理想城市概念和 19 世纪晚期的城市扩展，德国

---

6 See Virgilio Vercelloni, *Europäische Stadtutopien: Ein historischer Atlas*（Munich: Diederichs, 1994）, plate 59.

第3章 一般性的组织原则

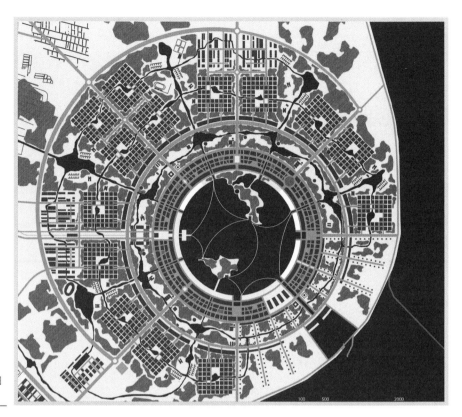

该设计巧妙地避免了圆形图形的几何约束

模型

- ⊙ — **临港新城**，上海，中国
- ✎ — gmp 建筑师事务所，汉堡
- ▭ — www.gmp-architekten.de
- ◉ — 一等奖
- ▦ — 2003 年
- ▭ — 新城
- ◆ — **环形**
- ⬗ — 提炼；几何准则；表现方式：表现模型

自 2003 年以来，为了适应上海的人口过剩问题而建造的其中一座新城——临港新城，也以辐射形道路系统为基础。在圆形布局的中心，gmp 建筑师事务所将 400 米宽度的高密度城市带环绕一个直径超过 2 公里的湖进行建设。由于环状建设地带与圆心有着相当远的距离，所以独立的街区地块呈近似的方形。毗邻的第二条环形地带是一个由外高速公路环绕的公园景观带。这条高速公路像卫星的圆形轨道，使人们可以通过它到达周边那些 750 米见方的居住街区地块。这些区域被正交的街道网格划分，展示了另一种解决圆形几何约束的方式。[7]

六边形、星形和蜂窝状结构模式

在美国早期历史上，出现了很多试图打破正交性"国家式网格"规范划分城镇与乡村土地的尝试。[8] 例如，在 1807 年的底特律，人们尝试是用六边形的网格划分城市，包括了放射形的街道，该系统产生了巨大的不同尺度和形状的城市建筑街区。1820 年该规划的建设就已被叫停，但设计的痕迹如今在城市中心还依稀可见。

其他非等级结构的六边形结构例如通过多个等边三角形进行连接以获得额外三角形区域的星形结构，甚至是以蜂巢为范型的结构都无法被证明是能够完全成功组织整体的城市设计模式。早在 1890 年，城市规划师约瑟夫·斯图本（Joset Stübben）在他的书《城市规划》（Der Städtebau）中，对美国的设计进行了研究，并对这些地区的设计进行了描述，这些地区是按照后一种原则设计的，没有完全"愚蠢的"干道。[9]

底特律，底特律中心城方案，奥古斯都·B·伍德沃德（Augustus B. Woodward），1807 年，美国

7　Comparing the design to the constructed reality as seen in satellite images, it is conspicuous that some of the square residential districts are built upon with diagonal rows of buildings. In Chinese urban design, the north-south alignment of housing is almost mandatory.

8　See Gerhard Fehl, "Stadt im 'National Grid': Zu einigen historischen Grundlagen US-amerikanischer Stadtproduktion," in *Going West? Stadtplanung in den USA - gestern und heute*, ed. Ursula von Petz (Dortmund: Institut für Raumplanung, 2004), p. 46.

9　Josef Stübben, *Der Städtebau* (Stuttgart: A. Kröner, 1907), p. 62.

4

第 4 章 整体与局部的关系

— 绝大多数的城市设计可以被描述构成一个整体中诸多平等、相似或多样部分的组合，而处理好部分与整体的关系总是非常重要的，反之则不然。

在鲁道夫·维南茨（Rudolf Wienands）的著作《设计的基础建设和城市规划》中，他提出了三种在设计时可能会使用的基本手法：累加法、分割法与叠加法。[1] 在城市设计中经常可以识别出不止一种手法，但一般来说其中一种会居于主导地位。

1 Rudolf Wienands，*Grundlagen der Gestaltung zu Bau und Stadtbau*（Basel: Birkhäuser，1985），p. 135 ff

4.1 加法途径

在应用累加法时，城市设计中的各个部分会预先被精确定义，而城市设计则是各个组装部分累加的结果。根据规模、目的、详细程度和设计意图的不同，这些部分可以是整个城市地区、独立的建筑领域，而在建筑领域的规模上也可以是城市建筑群。城市的总体样貌对变化、增长与扩张仍然保持开放，但其发展也可能因地形状况等而受限。

关于正交网格的累加组合的一个早期历史案例是古希腊殖民地米利都城（今土耳其）的布局：公元前 4 世纪，在这座被战争摧毁后的城市重建中，以希波丹姆斯命名的"希波丹姆斯模式"得到了运用：米利都所在的半岛有着许多海湾，其形状是不规则的。城市广场和政治、宗教、文化中心均坐落在半岛中央的最开敞处，而其上下两侧同等规模的居住建筑地块则以方形网格的形态联结在一起。但米利都所在半岛的形状限制了居住区所能扩展的最大程度，使得内部同质的居住区有着或多或少参差不齐的外缘。

累加式的增长同样在萨凡纳市—— 一座由英国贵族、将军和佐治亚州英殖民地总督詹姆斯 · 奥格尔索普（James Oglethorpe）于 1733 年作为海港而建立的美国城市，得以展示：一个个小小的邻里单元被累加在一起，每个单元都包括长条形的建设用地和地块中央为广场或公园而留出的空间。尽管在 1734 年，萨凡纳市的平面布局中仅有四个这样的邻里单元被建立起来，单元内也仅有部分建造了最简单的木屋，但到 1800 年前后，15 个类似的组团已经累加在了一起，它们依据统一的平面布局建立，仅在宽度上有细微的差别。值得注意的是，进入 19 世纪，最初的基本单元模式依旧在城市扩张中被采用，并直到那时才被基本的街区形态所取代。在萨凡纳市现在的布局中，总共还能找到 23 个这样的区域和广场。

累加式的组合并非一定限于，例如像很多乡村聚落的形态一样，各个部分也可以与网格无关的自由形态组合在一起。

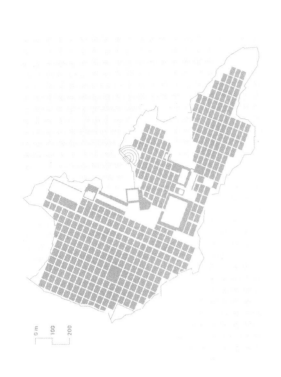

米利都城，希波丹姆斯模式的米利都，公元前 479 年，土耳其

萨凡纳市，詹姆斯·奥格尔索普，1733 年，美国

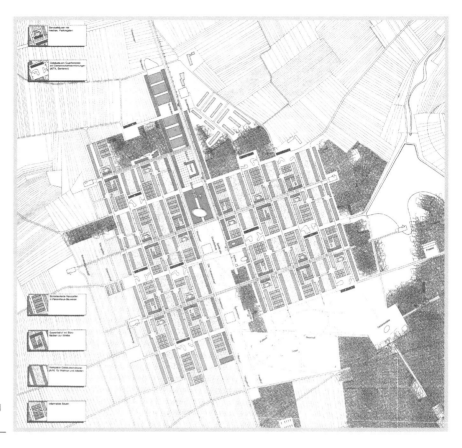

总体形态仍然对更改、添加
和扩展保持开放

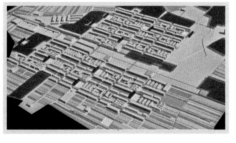

模型

🎯 — Layenhof/Münchwald 区，美因茨
（Mainz），德国

📝 — Ackermann+Raff 事务所，斯图加特；
Alexander Lange 事务所，图宾根

🖥 — www.ackermann-raff.de

🏆 — 一等奖

📅 — 1996 年

🗂 — 军用地转化，新区

📑 — **累加法**

🔖 — 正交网格，规则网格；发展场地布
局：轴线、对称、等级制、基准、重
复 / 韵律、组群；通过组合塑造场地；
线性街道空间

- 里姆博览城(Messestadt Riem)新区，住房，慕尼黑，德国

- ASTOC 建筑师与规划师事务所，科隆；lohrer.hochrein 景观设计事务所，慕尼黑

- www.astoc.de

- 一等奖

- 2008 年

- 城市再开发，机场转化，新区

- 累加法

- 非规则正交网格；城市建筑街区：溶解城市建筑街区；发展场地布局：基准、组群；通过组合塑造场地；临近绿地和开放空间

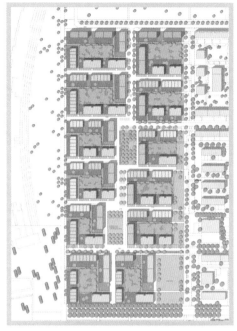

对相似形式、不同尺度街块的组合

透视图

使用累加法线性布局组织不同城市建筑街区

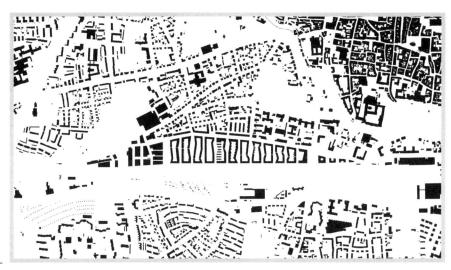

图底方案（poche plan）

- Innerer Western，雷根斯堡（Regensburg），德国
- 03 建筑师事务所；Keller Damm Roser 景观设计师与规划师事务所，慕尼黑
- www.03arch.de
- 三等奖
- 2011 年
- 城市再开发，铁路用地转化，居住新区
- **累加法**
- 城市建筑街区：封闭街区；发展场地布局：序列 / 重复；拓宽街道空间

4.2　分割原则

在应用分割法，或是简单的划分时，城市的整体形态在一开始就被明确，而各部分是根据目标的不同，在基于文化背景所定义或以之为依据的某些特定规则下，从整体中被分割出来的。中国的理想城市和古罗马的殖民地城市都是建立在正方形形态的基础之上，尽管二者都是完全独立地发展出类似的理念。中国的皇城是宇宙的一种反映：在中国人的宇宙观中，地球是一个立方体，而地面则是方形的。首都位于帝国中心，与四个主方位保持一致。宫殿位于首都中心（如成周、北京）；南北轴线是子午线[2]的象征，其上的空间仅为统治者服务。居住区及相应的市场则位于南北主轴线的左右两侧。

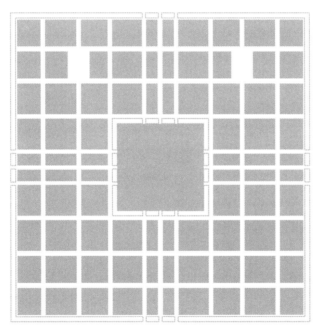

成周，公元前 1000 年，中国

2　See Spiro Kostof，*The City Shaped: Urban Patterns and Meanings Through History*（Boston: Bulfinch，1991），p. 174 f.

相比之下，古罗马的殖民地城市是从标准化的军事营地发展而来的。南北轴线（cardo）和东西轴线（decumanus）这两条主要轴线将营地和城市划分为四个象限。位于军营中心的轴线交叉点的是要塞建筑，而其对应的则是像古希腊城市中集会所一样承担着文化、宗教、经济和政治中心的公共广场。其余街道均平行于主轴线，将城市划分为正交的居住区。

分割法的应用在城市发展史上还有无数个案例，包括文艺复兴和巴洛克时期的理想城市理念——无论实质上这些城市形态应当服务于表面上的象征性功能，还是像要塞一样应出于实用和军事的需要。

分割法被证明在优化物理特性、外观外貌和设计质量可能性上占有优势，但对整体修正的程度，包括其能力和容量，会由于组成整体的部分间，新的部分无法随意添加或移除而降低。对此，累加法或是整合通过分割法单独形成的区域能够提供一种解决方案。

提姆加德，公元 100 年，阿尔及利亚

曼海姆，1720 年，德国

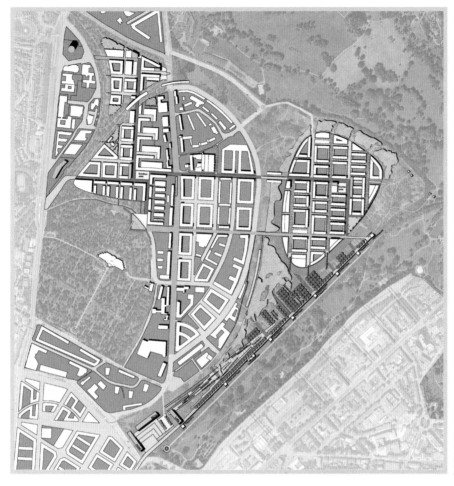

在分区方法中，整体形式是固定的，而元素则是通过对整体的划分来创建的

影像

📅 — 罗森施泰因区（Rosenstein），斯图加特，德国

📝 — 赫尔穆特·波特（Helmut Bott）教授、博士，达姆施塔特；米歇尔·海克（Michael Hecker）博士，科隆；弗兰克·罗泽（Frank Roser）博士，斯图加特

🖥 — www.hmw-architekten.de

🏆 — 二等奖

📅 — 2005 年

🗂 — 城市再开发，铁路用地转化，新区

📑 — 分区法

🔖 — 提炼；正交网格；城市建筑街区：封闭、溶解街块、线性布局、行列式；
　　 通过组合塑造场地

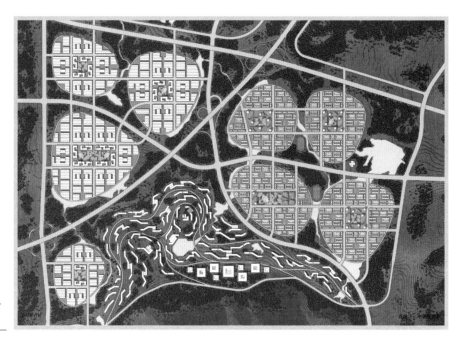

设计通过对发展场地进行分
区组合保证灵活性

透视图

◎ —生态城（EcologyPark），青岛，中国

✎ —gmp 建筑师事务所，汉堡

▭ —www.gmp-architekten.de

◉ —一等奖

▦ —2011 年

▢ —城市扩展，可持续化新区

◈ —**分区法**

◈ —提炼；正交网格；城市建筑街区：城市街块、内城城市街块、曲折形行列式、高层塔楼、
　　混合式；发展场地布局：等级制、重复、组群；通过组合塑造场地

分区的规则因地制宜

⚙ — **派拉蒙沙漠绿洲（Paramount Xeritown）**
总体规划，迪拜，阿联酋

✎ — 建筑都市主义研究（SMAQ），柏林；
X-Architects 事务所的萨宾·穆勒（Sabine
Müller）、安德里亚斯·奎德瑙（Andreas
Quednau）、约阿希姆·舒尔茨（Joachim
Schultz），迪拜；约翰内斯·格罗豪斯
（Johannes Grothaus）景观设计师事务所，
波坦茨（Potsdam）；reflexion，苏黎世，
英国标赫（Buro Happold），伦敦

🖥 — www.smaq.net

📅 — 2008 年

🗂 — 城市扩展，可持续城市新区

📚 — 分区法

🏷 — 提炼；城市建筑街区：城市街块、线性
布局、空间结构、高层建筑；发展场地
布局：组群；通过组合和塑形塑造场地

透视图

4.3 叠加法

在应用叠加法时，城市布局是通过覆盖两个或以上的秩序体系而创造出来的。虽然累加法伴有过于单调的风险，但分割法也可能带来负面影响，例如会令正常部分运转受损的几何约束。相比之下，叠加法创造了多义性并丰富了城市的空间体验。这方面的一个史例是 1792 年皮埃尔·查尔斯·朗方（Pierre Charles L'Enfant）为华盛顿特区所做的规划，其中城市建筑街区的方形网格体系与联系国会大厦或白宫以及诸多街区的对角线街道相叠加。

1859 年由伊尔德方索·塞尔达（Ildefons Cerdà）主持制定的巴塞罗那城市扩建规划同样以相似的对角线街道叠加于统一正交体系之上为特色。在这两个城市设计中，对角线街道都承担了高等级且正式的林荫大道的角色。

为了使设计的逻辑清晰可辨，叠加法需要一个规模足够大的规划场地：这一设计原则不仅适用于整个城市，也能应用于地区或街区层面。MVRDV 在汉堡的 Röttiger 兵营改造这一当代设计中便运用了绿化与建筑肌理的叠加：用于建造独户住宅的小尺度的正交地块网格叠加于现存的建筑与植物之上，以这样一种方式，只要碰到值得保留的元素，网格体系便会绕过其流动。

0 m 500 1000

华盛顿规划，皮埃尔·查尔斯·朗方，1792 年，美国

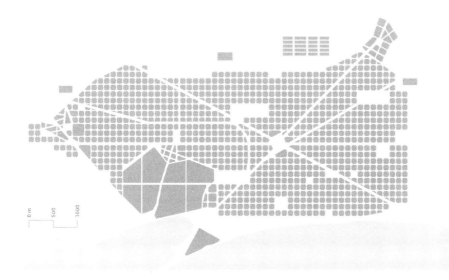

0 m 500 1000

巴塞罗那规划，城市扩展，伊尔德方索·塞尔达，1859 年，西班牙

第4章　整体与局部的关系

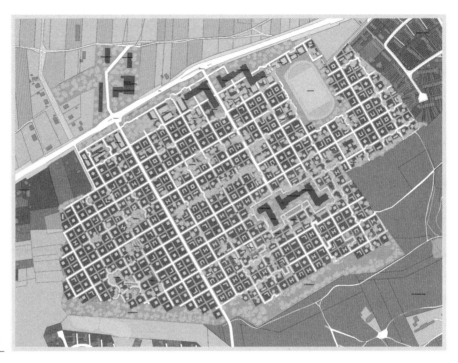

在现存的建筑物和树木上，
有一个精心排列的正交网格

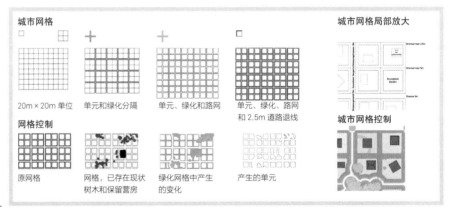

解释设计过程的图示

- 汉堡奥林匹亚建筑设计竞赛，2006 年（Architektur Olympiade Hamburg 2006），Röttiger 兵营，汉堡，德国
- MVRDV，鹿特丹
- www.mvrdv.nl
- 城市设计金奖
- 2006 年
- 城市再开发、军用地转化、居住新区
- 叠加法
- 不完整的正交网格；城市建筑街区：点式；不完整的街道网络；表现方式：图示

在聚落格局上叠加了通道和
绿色廊道

步行区透视

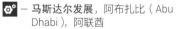 — **马斯达尔发展**，阿布扎比（Abu
Dhabi），阿联酋

✏ — Foster + Partners 建筑师事务所，伦
敦；Cyril Sweett Limited，W.S.P
Transsolar，ETA，Gustafson Porter，
E.T.A.，Energy，Ernst and Young，
Flack + Kurtz，Systematica，
Transsolar

🖥 — www.fosterandpartners.com

📅 — 2007 年

🗂 — 城市扩展，无排放新区

🗂 — **叠加法**

🏷 — 整体；提炼；分区法；城市建筑街
区：城市街块、庭院、线性布局、行
列式、空间结构；不完整街道网络；
区级绿色和开放空间；表现方式：鸟
瞰图

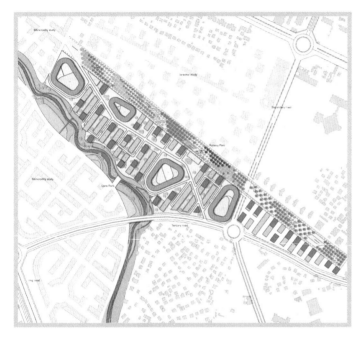

叠加在一起的组合人居模式共同创造活动多样的城市景观

通过图示诠释设计过程

- **公园城（Park City）**,地拉那（Tirana）,阿尔巴尼亚
- CITYFÖRSTER architecture +urbanism,柏林 / 汉诺威 / 伦敦 / 奥斯陆 / 鹿特丹 / 萨勒诺（Salerno）; Ulrike Centmayer 景观设计事务所,鹿特丹
- www.cityfoerster.net
- 一等奖
- 2008 年
- 城市再开发,机场用地转化,城市新区
- **叠加法**
- 对比;城市建筑街区:封闭街块、线性布局、行列式 / 高层板楼、混合式;尽端式路网、环形循环路网;表达方式:图示

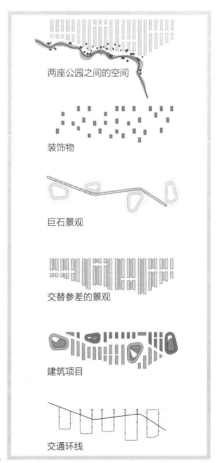

两座公园之间的空间

装饰物

巨石景观

交替参差的景观

建筑项目

交通环线

4.4 城市设计作为单一实体（大尺度）

除了上述的累加法、分割法和叠加法外，城市设计也可被建立为由各部分合并为整体形态的单一实体。它的形态可以是几何的、有机 / 生物的，也可以是自由的，而各部分可以以一种无缝累加的方式，被组织在一起，如果始于单一形式，则以无缝分割的方式。

这样的设计对象显然无法在每个规划场地内任意扩展，而往往局限于只有几个建筑地块大小的城市区域中。但是，当城市形态和建筑构成了一个统一的艺术整体时，第三方对其的改变很少是可行的：那么建筑师就承担起了规划师的角色，反之亦然。

作为社会住房计划的一部分，建成于 20 世纪 20 年代的维也纳庭院住宅（Viennese Wohnhöfe）项目就是一个居住方面的例子。Sandleitenhof是项目中的这些综合体中最大的一个，它由多个不规则边缘的街区和超过1500 幢公寓组成。相对较少的居民住在其中最有名的"卡尔·马克思庭院"（Karl-Marx-Hof）这座房子中，它是两个被同一宏伟的前院所隔开的巨大庭院所组成的整体，有着 L 形的街角建筑和行列。这些综合体都是基于建立一个工人阶级家庭社区的想法而被建造的。当它们在外部表现出封闭性的同时，它们各自构成了某种城中之城。由于庭院代表的是社区的理念，这一共享的内部庭院因此被用作进入公寓。

能够体现城市设计中宏大形式的当前例子包括由 Allmann Sattler Wappner Architekten 设计的慕尼黑维森费德制造联盟住宅展（Werkbund-siedlung Wiesenfeld）方案和 Steidle Architekten 设计的服务式办公室（Nymphenburger Höfe）——对慕尼黑一座原啤酒厂的再开发。虽然前一个设计中的宏大形式反映出了一个多元而个性化的公寓建筑群，但在后一个设计中，来自四面八方的相当大的交通噪声还是导致了一系列内向庭院的布局。

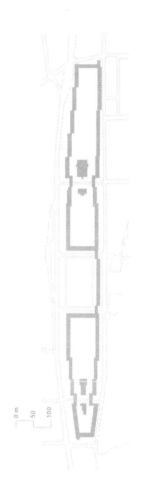

维也纳的 Sandleitenhof，埃米尔·霍普（Emil Hoppe）等，1924 年，奥地利

维也纳的卡尔·马克思庭院，卡尔·恩（Karl Ehn），1927 年，奥地利

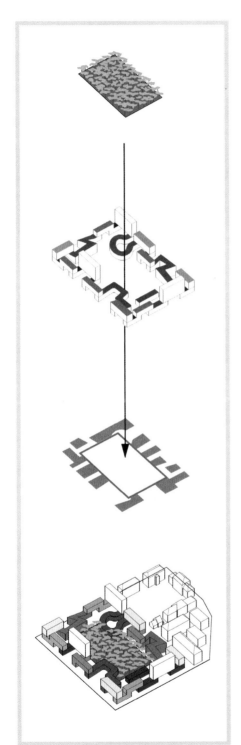

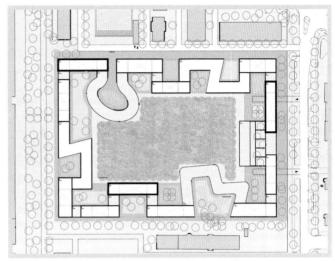

设计概念

大尺度的形式体现社区的多
样性、独立化的居住建筑

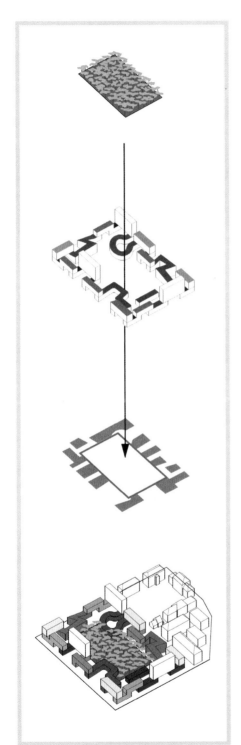

⊙ — **维森费德制造联盟住宅展，慕尼黑，
德国**

✐ — Allmann Sattler Wappner Architekten
GmbH，慕尼黑；Valentien+Valentien
& Partner Landschaftsarchitekten
und Stadtplaner，韦瑟灵（Weßling）

▣ — www.allmannsattlerwappner.de

◉ — 获奖者（城市设计）

▦ — 2006 年

▱ — 城市再开发，军用地转化，居住新区

▤ — **大尺度**

◈ — 城市建筑街区：溶解街块、庭院、自
由路径、混合式；通过塑形塑造场
地；社区绿色和开放空间、完整绿色
空间；严整网格植树

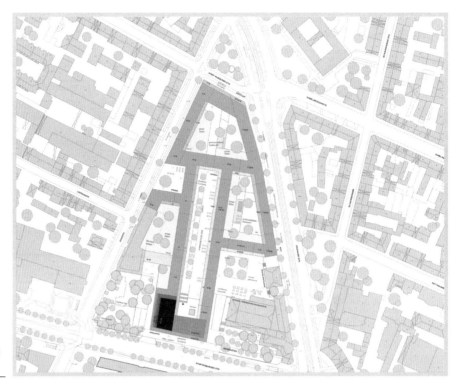

这个设计展示了一系列内向型的庭院

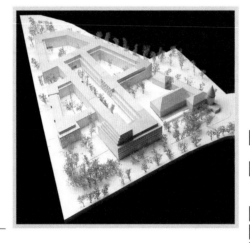

模型

🎯 — 服务式办公室（Nymphenburger Höfe），慕尼黑，德国

📝 — Steidle + Partner Architekten；realgrün Landschaftsarchitekten（景观设计事务所），慕尼黑

🖥 — www.steidle-architekten.de

🏆 — 一等奖

📅 — 2003 年

📁 — 城市再开发，商业用地转化，内城新区

📑 — 大尺度

🔖 — 城市建筑街区：封闭街区、庭院、混合式；通过塑形塑造场地；社区绿色和开放空间

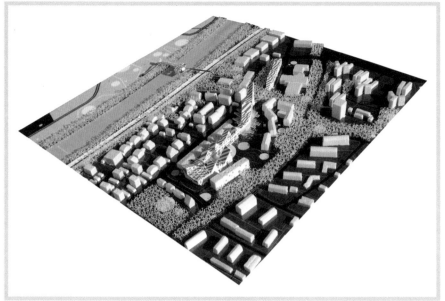

起伏的屋顶景观体现出建筑
内部功能的多样性

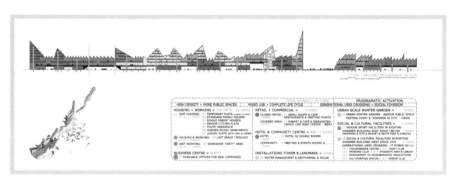

功能图示

⊙ — Europan 10，城市界面再思考（Eine urbane Schnittstelle neu denken），福希海姆
（Forchheim），德国

✎ — gutiérrez-delafuente arquitectos，马德里

🖥 — www.gutierrez-delafuente.com

Ⓠ — 优胜奖

📅 — 2010 年

🗂 — 城市再开发，工业用地转化，居住新区

◈ — 大尺度

🏷 — 城市建筑街区：线性布局、行列式、自由路径、混合式；通过塑形塑造场地；表现方式：
断面、模型

5

第 5 章 "网格"设计准则

— 在漫长的城市发展史中，网格被证明是一种通用的、有效的肌理组织原则。一个显著的优点就是，得益于这种系统性，网格能够建立起使所有城市功能自动与城市总体结构相衔接，并以改变方向最少的路径相互连接的有效交通网络。而随后的网络拓展也几乎没有任何困难。

5.1 规则网格

　　理想的规则网格是方形或是长方形的。城市生活的多数领域都能被容易且有效地安排进正交结构中。此外，居住用地能被正交系统合理地分割，而不会产生不好用的居住片区。[1] 规则网格的缺点是，随着重复次数的增加，单调性也随之增加。但这一问题可以通过建立街区的秩序来解决，例如在大的网格单元内组织建筑群体，在网格之上叠加其他的系统，或者植入广场等开放空间。

城市街区的变化和开放空间的插入可以避免规则网格中的单调性

1　See Gerhard Curdes，*Stadtstruktur und Stadtgestaltung*（Stuttgart/Berlin/Cologne: Kohlhammer，1997），p. 45.

– **莱特瓦尔德住宅区**（Am Lettenwald Residential District），乌尔姆，德国

– jan foerster teamwerk-architekten；ergebnisgrün, Büro für Landschaftsarchitektur，慕尼黑

– www.teamwerk-architekten.de

– 一等奖

– 2008 年

– 大都市区发展概念

– **规则网格**

– 正交网格；城市建筑街区布局：重复 / 序列 / 韵律；完整道路体系；通过排除和留白塑造场地；区级 / 社区 / 临近绿色和开放空间

主要道路和步行小路

单元模式

潜在开发空间

绿化空间　　　功能性图示

5.2 不规则网格

不规则细分的网格模式具有可以被积极地和消极地解释的属性。随着不规则程度的增加，建筑地块在大小和形状上的差异越来越大。多孔性可以受到不规则性的限制，但另一方面，它们也可以使城市领域更加多样化。不规则网格通常沿一个方向以更规则的间隔划分，而在垂直方向上则是不规则的。当需要优先选择一个方向时，例如为了确保交通顺畅或保持开放的视觉连接，相反，为了减缓交通流量或在空间上终止街道的流动空间，而不是让它们简单地消失，可以使用这些方法。

网格在一个方向上规则划分，
在另一个方向上不规则划分

模型细节

- Europan 6，城市景观的 3×2 元素，门兴格拉德巴赫（Mönchengladbach），德国
- florian krieger – architektur und städtebau；Ariana Sarabia, Urs Löffelhardt, Benjamin Künzel，达姆施塔特
- www.florian-krieger.de
- 一等奖
- 2002 年
- 城市再开发，军用地转化，居住新区
- **不规则网格**
- 对比；活力；累加法；城市建筑街区：线性布局、行列式 / 高层板楼；通过排除和留白塑造场地；行列植树，严整网格植树

不规则的网格形成了大而小
的建筑和多样的城市空间

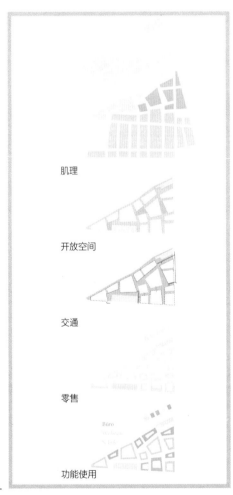

肌理

开放空间

交通

零售

功能使用

功能性图示

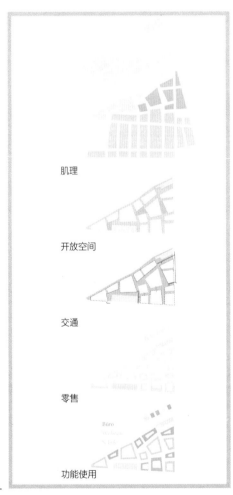 — **发展场地 D，ÖBB-Immobilien**，维也
纳，奥地利

— Wessendorf Architektur Städtebau；
洛依德（Loidl）工作室，柏林

— www.studio-wessendorf.de
www.atelier-loidl.de

— 一等奖

— 2010 年

— 城市再开发，铁路用地转化，城市
新区

— **不规则网格**

— 累加法；城市建筑街区：封闭街区、
内城街区、混合式；发展场地布局：
组群；通过组合塑造场地；曲折且拓
宽的街道空间

- 弗雷汉姆・诺德（Freiham Nord），居住与区域中心，慕尼黑，德国

- florian krieger – architektur und städtebau，达姆施塔特；lohrberg stadtlandschaftsarchitektur，斯图加特

- www.florian-krieger.de

- 二等奖

- 2011 年

- 城市拓展，居住新区和区域中心

- **不规则网格**

- 累加法；城市建筑街区：开放街区、线性布局、点式、高层塔楼；发展场地布局：重复 / 变化 / 韵律；混合通道体系；通过组合塑造场地

不规则网格图案的变化创造了不同的绿色空间和邻里特色

鸟瞰图

5.3 倾斜网格

由于地形、方向，或者是与现存城市结构、交通流线衔接的需要，通过倾斜的方式打破格网的均匀或者改变格网的一部分是一种很好的方法。由此带来的不连续的、残存的空间可以被作为特殊情况而处理，作为重点空间而处理或者是被有意地忽视，填充以特殊用途、独特的建筑形式或是绿色开敞空间。

在城市结构中，由于网格角度的变化而产生的不连续点作为城市结构的特殊情况

📷 — **柏林 – 哈弗尔水城（Wasserstadt Berlin–Oberhavel）总体规划**，柏林，德国

✏ — Arbeitsgemeinschaft Kollhoff, Timmermann, Langhof, Nottmeyer, Zillich，柏林

🖥 — www.kollhoff.de

📅 — 1996 年

🗂 — 城市再开发，商业用地转化，城市新区

◈ — **倾斜网格**

✒ — 累加法；城市建筑街区：封闭街区、溶解街块、点式；通过组合塑造场地；线性街道空间、曲折街道空间；滨水生活

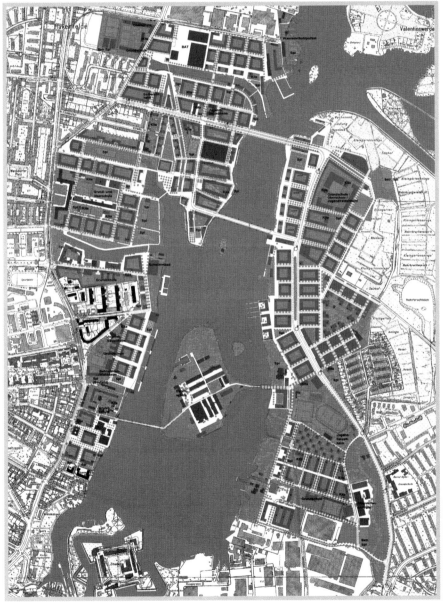

说明性场地方案

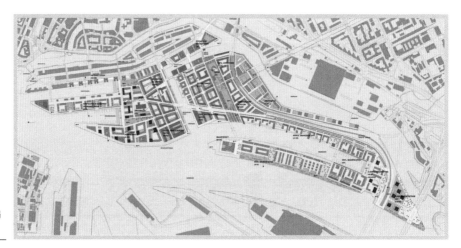

栈桥的布局决定了网格布局
的方向

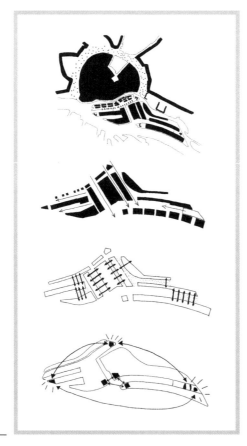

设计图示

- — 港口城（HafenCity），汉堡，德国
- — ASTOC Architects and Planners，科隆；KCAP Architects&Planners，鹿特丹 / 苏黎世 / 上海
- — www.astoc.de，www.kcap.eu
- — 一等奖
- — 1999 年
- — 城市再开发，港口区转化，新区
- — **倾斜网格**
- — 累加法和叠加法；城市建筑街区：封闭街区、分解型街区、内城街区、线性布局、点式、混合式；发展场地布局：轴线、基准、序列 / 重复 / 韵律、组群；滨水生活

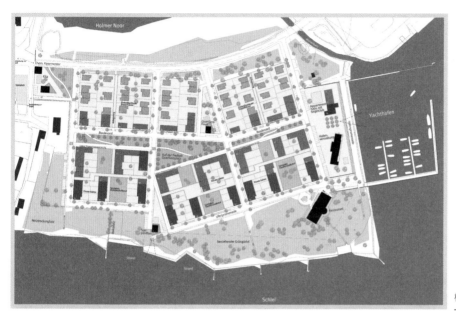

格网中间隙空间用作社区公园

细部

 — **弗里海特大学（Auf der Freiheit）**，石勒苏益格（Schleswig），德国

— studioinges Architektur und Städtebau，柏林

— www.studioinges.de

— 优胜奖

— 2006 年

— 城市再开发，军用地转化，居住新区

— **倾斜网格**

— 累加法；建设用地上的城市建筑街区
布局：等级化、重复 / 序列 / 韵律，
组群；通过建筑划定完整绿色空间；
表现方式：说明性场地方案

5.4 变形网格

网格并不一定是正交的。舒展的曲线格网也是城市设计的常用手法。使用异形网格的原因可能是地形条件，上层绿色走廊的整合，或是可建设用地的特殊形状。曲线路网能够有效地避免枯燥。人们在曲线街道上不会看到空旷遥远的地平线，而是被道路两侧的建筑立面指引。网格的变形促成了令人兴奋的街道空间。

网格的变形产生了令人兴奋的街道空间

运河公共空间透视

🎯 — 厄勒城（Ørestad）总体规划，哥本哈根，丹麦

📝 — ARKKI ApS.（KHR arkitekter，哥本哈根；APRT，赫尔辛基）

🖥 — www.khr.dk

🏆 — 一等奖

📅 — 1995 年

🗂 — 城市扩展，新区

📑 — **拉伸网格**

🔖 — 城市建筑街区：城市街块、庭院、混合式；通过组合塑造场地；弯曲的街道空间

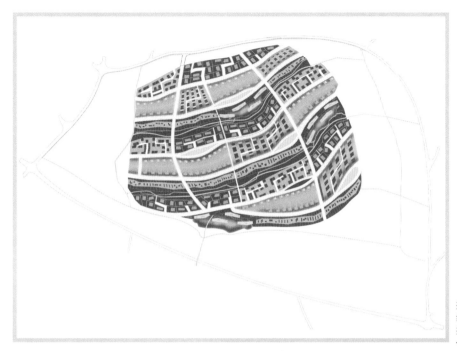

扭曲的网格以柔软的边缘环绕着苍翠的住宅景观，通过拓宽街道空间塑造出场地

模型细部

- 赫尔佐基地居住区（Herzo Base Residential District），黑措根奥拉赫（Herzogenaurach），德国

- netzwerkarchitekten，达姆施塔特

- www.netzwerkarchitekten.de

- 二等奖

- 2002 年

- 城市再开发，军用地转化，居住新区

- 拉伸网格

- 城市建筑街区：线性布局、行列式、点式、空间结构；弯曲/曲折的街道空间、拓宽的街道空间；社区、临近绿色和开放空间；完整绿色空间

5.5 转换网格

"转换"（来自拉丁语中的介词，trans，"across"+forma，"form"）意味着在外观、形式或者结构上的改变。在转换网格中，常规的网格肌理被朝向边缘或改变中心。转换过程可以是非常明显的路网加密，也可以是流动的、几乎不太能被感知到的。因此，一个完整的网格能够转变为一个不完整的网格，例如死胡同网络，一个理性的几何系统也能产生有机的、看起来经历了漫长时间进化的居住肌理。由这种格网组织起来的街道可以是独立的，也可以通过外围道路等方式连接起来，汇聚于一点。

开发场地的整体结构遵循了正交网格系统，进一步细分为不规则的网格模式

- 哥本哈根北港：**可持续城市的未来**，哥本哈根，丹麦
- POLYFORM ARKITEKTER AP，哥本哈根；Cenergia Energy Consultants，COWI，Deloitte，Oluf Jørgensen a/s
- www.polyformarkitekter.dk
- 一等奖级别
- 2008 年
- 城市再开发 / 城市扩展，港口区转化，新区
- **转换网格**
- 累加法 / 叠加法；不规则网格；通过方式塑造场地；线性的、弯曲的 / 曲折的、拓宽的、非定形的街道空间；表现方式：说明性场地方案、图示

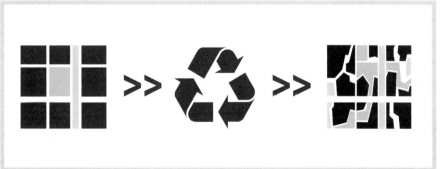

透视图（a.）
设计理念（b.）

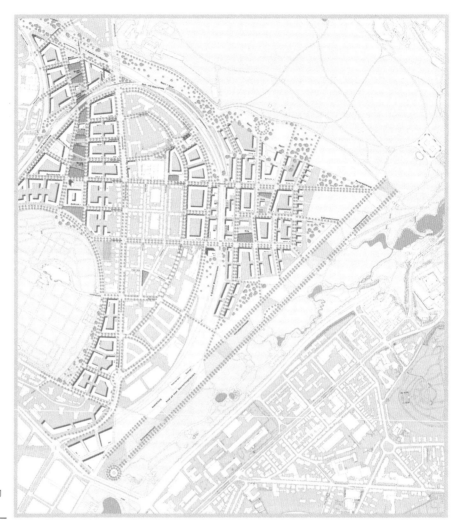

从现有的结构中衍生出来的
网格会渐变消失在公园里

- 罗森施坦因（Rosenstein）区，斯图加特，德国
- KSV Krüger Schuberth Vandreike，柏林
- www.ksv-network.de
- 优胜奖
- 2005 年
- 城市再开发，铁路用地转化，新区
- **转换网格**
- 城市建筑街区：封闭的和溶解的街区、线性布局、点式；通过排除和留白塑造场地；线性和曲折的街道空间；完整的绿色空间

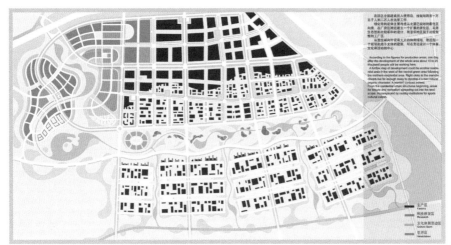

几何网格通过累加转换成一
种有机居住模式

鸟瞰图

- 汽车供应行业技术园及居住小镇，北京，中国
- GABRYSCH+PARTNER Architekten Stadtplaner Ingenieure，比勒费尔德（Bielefeld）；LandschaftsArchitekturEhrig，Sennestadt and Büro Liren，北京
- www.gp-architekten.de
- 三等奖
- 2004 年
- 城市扩展，工业与技术产业园及居住新城
- **转换网格**
- 对比；几何、生物形态 / 有机组织准则；累加法；发展场地布局：基准、序列 / 重复 / 韵律、组群

5.6　叠加网格

　　叠加格网通过额外的秩序系统的叠加来实现。[2] 通常，一个秩序系统是统领性的，另一个秩序系统则负责创造额外的感受。然而，过多系统的叠加会导致混乱，增加使用者在城市中定位的困难，甚至导致彻底迷失方向。正如古老的格言所说：少即是多。

绿色通道与区域被叠加在正交网格

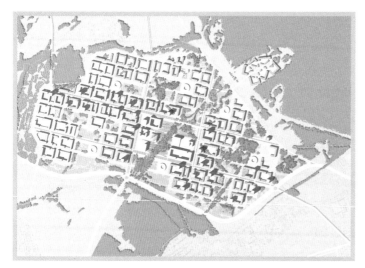

🎯 — A101 城市建筑街区竞赛，100% 城市建筑街区，莫斯科，俄罗斯

✏️ — KCAP 建筑与规划事务所，鹿特丹 / 苏黎世 / 上海；NEXT 建筑师事务所，阿姆斯特丹

🖥 — www.kcap.eu

🏆 — 二等奖

📅 — 2010 年

🗂 — 新城，新区

📚 — 叠加网格

🔖 — 叠加法；非规则正交网格；城市建筑街区：封闭的和溶解的城市建筑街区、混合式；完整绿色空间；行列植树、严整网格植树、自由组群植树

效果图

2　See also 4.3 Superimposition

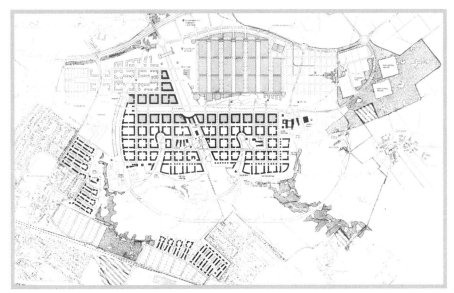

由建筑物分隔的绿色区域延伸到严谨的方形网格中

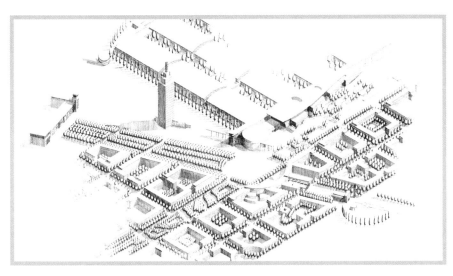

图片展示了城市地区与贸易用地的接合区域

- **机场用地转化，慕尼黑机场**，慕尼黑，德国
- Frauenfeld Architekten，法兰克福；Baer + Müller Landschaftsarchitekten，多特蒙德
- www.frauenfeld-architekten.de
- 一等奖
- 1991 年
- 城市再开发，机场用地转化，新区和贸易用地
- **叠加网格**
- 提炼；叠加法；不完整网格；城市建筑街区：封闭的、分解型街区；通过方式塑造场地；
  表现方式：透视图

6 第 6 章 城市建筑街区

── 城市是基于原有建设基础形成的空间结构。为城市居民提供了不同的体验：农村、郊区或城市的环境，开放或紧凑的定居模式，低或高的建筑密度，以及可分化为公共、共享或私人使用的户外空间。城市建筑类型，或城市建筑街区，在这里发挥着重要的作用。建筑街区是城市设计的原材料。正如音符被不断重组来创造新的音乐作品一样，城市建筑也可以被组合成新的建筑组团、地区或整个城市；又或者也可以用它们来修复现有的城市结构。

当代城市设计创造的各种城市建筑街区已经发展了很长一段时间——有些是几千年，有些则是从 20 世纪开始的。建筑结构通常可以很清晰地归于某种城市建筑街区类型，但有时则是复合形式和混合存在的。考虑到城市显著的多样性，城市建筑的基本形式却很少。了解它们的工作方式、它们的尺度，以及它们的文化意义，以及各自的优势和劣势，以及在城市设计中的潜在应用方式，都是建筑师和城市规划者所需基本知识的一部分。

6.1 城市建筑街区的分类

城市建筑街区大体可以分为三类：标准型、大型以及小型街区。[1]

标准建筑街区

标准建筑街区是构成城市、城市地域、城区，或住宅开发的主要部分的城市建筑街区，并在很大程度上决定了建筑结构的形式、形态和外观。这些标准的构建形式包括例如城市建筑街区组织、线性布局、行列式布局和点状布局。[2]

大型建筑街区

大型建筑街区是由于它们的大小、功能或唯一性，而与标准的构建街区具有显著区别的元素。这些城市建筑街区通常在城市景观中扮演着重要的角色，对人们感知城市存在积极或消极的影响。大型建筑街区可能是对标准建筑街区的扩大，例如市政厅、政府大楼、学校或高等教育机构，同时也可能是不同功能的集合体，包括活动大厅、场馆、体育场馆、影院、教堂、火车站、商场、购物中心或其他生产与储藏设施。垂直的元素，包括如教堂的塔楼、清真寺的尖塔、高层建筑、广播电视塔，以及从历史沿用至今的和现代的基础设施，如城市防御工事、桥梁、储气罐、高速公路、铁路和发电厂，这些设施也被归结为大型的建筑街区。在城市的特定区域，大型建筑元素也可以被视为标准建筑街区的一种，比如在垂直方向上功能集中的市中心、公寓大楼或商业区。

1　Thomas Herrmann and Klaus Humpert, "Typologie der Stadtbausteine," in *Lehrbausteine Städtebau*, 2nd ed., ed. Johann Jessen（Stuttgart: Städtebau-Institut, 2003）, p. 234.
2　Ibid., p. 249 ff. An overview of urban structures, housing developments, and districts – illustrated with plans and aerial photos – is also found there.

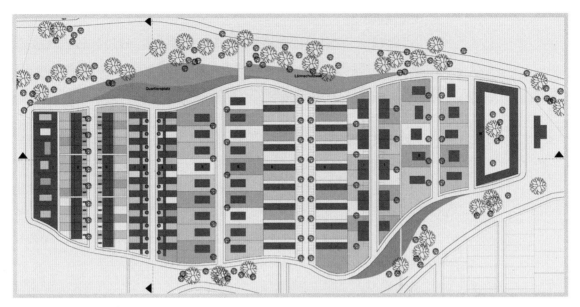

展示的城市建筑街区：设计
显示了最重要的标准建筑街
区布局类型，如空间结构、
线性布局、点式布局、行列
式布局和城市模块

说明性场地方案

🎯 — **赫尔佐（Herzo）基地居住区**，黑措
根奥拉赫，德国

📝 — ENS Architekten BDA，mit Regina
Poly，柏林

🖥 — www.eckertnegwersuselbeek.de

🏆 — 一等奖

📅 — 2002 年

🗂 — 城市再开发，军用地转化，居住新区

📚 — **城市建筑街区**

🏷 — 活力；叠加法；建筑街区布局：序列
／重复；宅间绿色和开放空间；行列
植树、自由组群植树

小型建筑街区

小型建筑街区包括小型构筑物如车库、花园棚屋、报刊亭；纪念性或是装饰性的构筑物如纪念碑、雕塑或是喷泉；又或者是小型的设施要素，如水井、换乘站和公交站台；也可能是市场小摊或广告牌这样的现代构筑物。[3]

特殊建筑街区

这里提到的特殊建筑街区包含了前文没有涉及的含义。从主要建筑肌理中分离出来的建设元素被称为特殊建筑街区。在这种情况下，可能有特殊用途的城市建筑街区，可以作为一种对应的建筑结构的对比样本。[4] 例如在独栋住宅附近的一栋公寓大楼，或居住区内服务老年人的大型住宅小区。特殊建筑街区既可以是标准建筑街区也可以是大型建筑街区。

---

3 Ibid., p. 242
4 See also Contrast Principle, p. 72 ff.

6.2 标准建筑街区

6.2.1 街区发展

建筑街区是城市中最古老的建设形式。[5] 早在公元前 1000 年，中国城市就已经有了一种有规划的、正交街道网格所包围的单层的四合院。相似的建筑街区也可以在其他文化中被发现，古希腊城市中的居住区遵照希波丹姆模式也被严格的正交路网所划分。在对古罗马城市庞贝和赫库兰尼姆的考古挖掘中，已经出土了大量 800—1000 平方米大小街块中带有中庭天井的组群式房屋。在建筑面向城市公共区域的一侧，往往作为商业空间，这样不仅为房主提供了额外的出租收入，还能促进城市公共区域的活力，同时保护业主在建筑内部的隐私。相比之下，比较朴素的建筑街区是"罗马式"、"与街区大小相等"、"3—7 层"的公寓大楼。在住宅的中庭中设置中央庭院，但这并不是为了突出一种庄严的形象，而是为了保证自然采光和通风。一层用于商业经营，楼上则是更舒适的生活区域。随着楼层的增加，公寓的出租价格也越便宜。

在中世纪的城镇中，建筑街区的特点是，在狭窄的、幽深的街道中，有成排工匠居住的房子，而今天仍在使用的城市建筑街区是巴洛克时期的产物。这些多层建筑的中心都建有庭院，有的还很宽敞。

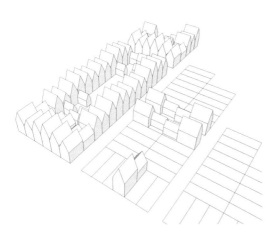

中世纪城镇的街区里有一排一排的工匠的房子，排列在狭窄的、深邃的街道上 [来自格鲁伯（Gruber）]

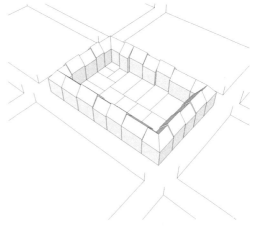

巴洛克式的城市建筑街区有着与街道平行的屋檐，建筑是多层的，在庭院周围形成环绕的街景 [来自格鲁伯（Gruber）]

---

5 Extensive plan materials from all epochs can be found in Leonardo Benevolo，*History of the City* trans. Geoffrey Culverwell（London: Scolar Press，1980）．

在 19 世纪末，有的城市建筑街区声名狼藉，因为在欧洲爆炸性的城市发展过程中，以土地投机为目的的住宅建设盛行，这些住宅质量低下，通常拥有狭窄的后院。庭院的大小，仅与消防设备的转弯半径相协调，几乎不具备充足的自然采光和通风。一些庭院也被用于工业制造用途，这对居民的健康有着毁灭性的影响。在这种背景下，柏林艺术家和讽刺作家亨利·遮勒（Heinrich Zille）当时说，你可以用一套公寓来杀死一个人，就像斧头一样。

在 1973 年，能源危机和后现代主义几乎同时出现，此后在城市中开始强调街区与街道的持续复兴，在此期间，现代城市的空洞和缺乏场所感遭到了批判。诉诸传统的建筑形式在一定程度上可以弥补这些缺陷。

封闭周边式街区

以连续周边式街区进行发展的城市建筑街区，或简单的周边式街区，是当代城市设计中的重要元素之一：它清楚地界定了公共领域以及街区内的私人开放空间，这在今天被作为住宅附近的休闲空间。通过公共空间从建筑外部直接进入，从而使位于内部的开放空间得以保持不受外界干扰。有赖于连续的街道和街角空间，周边式街区有助于塑造城市空间。这种街区适用于商业用途或纯粹的居住用途，也适用于不同生活和工作的混合形式。周边式街区的建设可以是独立的，也可以对多个进行组合。建筑的东北角存在自然采光的问题而使居住功能变得不那么适宜。

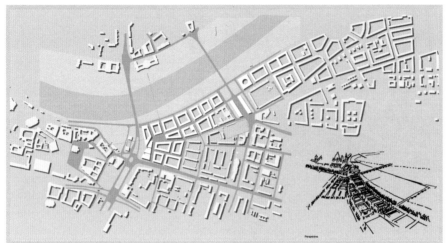

为了重建分散的城市模式，
设计者建议使用封闭的城市
建筑街区作为标准组件

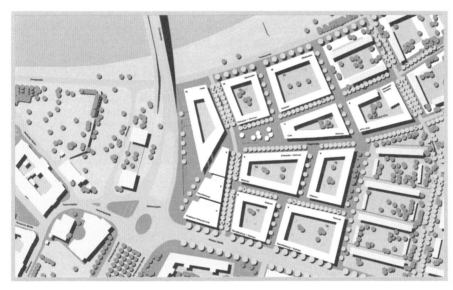

区域中心细部

- 特若森菲尔（Am Terrassenufer）–Pirnaische Vorstadt 城市再开发理念，德累斯顿，德国
- Günter Telian 教授，卡尔斯鲁厄
- www.competitionline.com/de/bueros/13178
- 三等奖
- 2001 年
- 城市更新，新区中心和居住区
- 封闭街区
- 累加法；建筑街区布局：等级化、基准、序列／重复；通过组合塑造场地；曲线街道空间

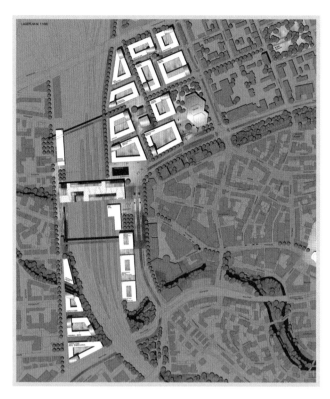

班霍夫城（City-Bahnhof），乌尔姆（Ulm），德国

HÄHNIG|GEMMEKE Freie Architekten BDA，图宾根

www.haehnig-gemmeke.de

获奖者

2011 年

城市再开发，铁路用地转化，新火车站和毗邻地区更新

封闭街区

提炼；几何准则；累加法；正交网格；建筑街区布局：组群；通过组合塑造场地；表现方式：说明性场地方案、表现模型

明确界定的封闭街区，以及分散的公共和私人开放空间

模型

内城城市建筑街区

内城城市街区在密度方面为我们提供了一种特殊的情况。一层的面积有时完全是为了商业目的而预留的，由于场地利用率高，内院的面积很小，而符合当前居住标准的住宅只能位于顶层。

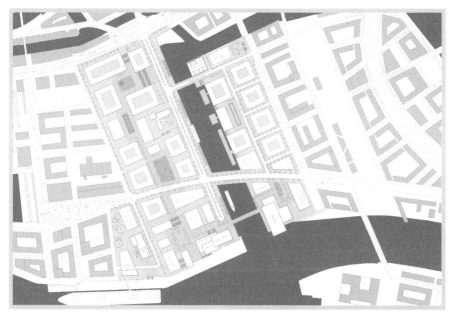

在紧凑的市中心的城市建筑街区，住宅功能职能安置在建筑首层以上

数字模型

ⓒ — 马格德堡港口（Magdeburger Hafen）/于贝尔塞地区（Übersee–quartier），港口城，汉堡，德国

🖊 — 戴维·奇珀菲尔德（David Chipperfield）建筑师事务所，柏林；威尔兹（Wirtz）国际景观建筑师事务所，斯霍滕（Schoten），比利时

🖥 — www.davidchipperfield.com

🏆 — 四等奖

📅 — 2003 年

🗂 — 城市再开发，港口区转化，城市新区

🗂 — **封闭街区 / 内城街区**

🔖 — 累加法和叠加法；正交网格；建筑街区布局：组群；通过组合塑造场地；滨水发展

开放的街区

在这种变化中，街区两侧是连续的联排别墅、个人住宅和或公寓大楼，尽管街区从空间角度看仍然清晰可见。从街道两侧的缺口可以看到街区内部的空间，相反从内部也可以看到外部的公共领域。开放的城市建筑街区满足了更好的通风和自然采光的要求，更自由的街角条件使其避免了街区东北角的采光问题。然而，与封闭的周边式街区相比，开放街区的内部更容易受到交通噪声等干扰的影响。开放城市建筑街区的一种变体是 U 形结构。U 形的开口方向是由环境决定的，例如在面向街道空间的一侧封闭，而对景观、水、绿带等要素开放。

溶解型街区改善区域通风和自然采光

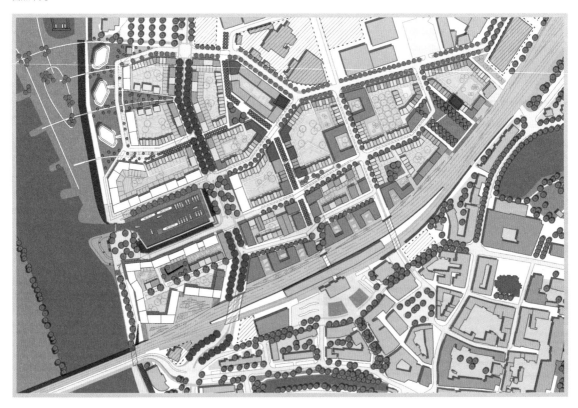

- 北部港口（Noorderhaven），聚特芬
（Zutphen），荷兰

- KCAP 建筑师与规划师事务所，鹿特
丹 / 苏黎世 / 上海

- www.kcap.eu

- 2007 年

- 城市再开发，港口区转化，城市新区

- **分解型街区**

- 生物形态 / 有机组织准则；累加法；
通过组合和塑形塑造场地；曲折的和
拓宽的街道空间；社区 / 宅间绿色和
开放空间

鸟瞰图

建筑远离水域的同时提供通向内卡河（Neckar，德国）的视线通廊

滨水生活

◎ — **内卡城（Neckarvorstadt）总体规划，海尔布隆（Heilbronn），德国**

✎ — Steidle Architekten；t17 Landschaftsarchitekten，慕尼黑

▭ — www.steidle-architekten.de

◎ — 一等奖

▦ — 2009 年

▭ — 城市再开发，铁道 / 商业用地转化，新区

◆ — **分解型街区**

▼ — 几何准则；累加法；建筑街区布局：等级化、基准；区级 / 社区 / 宅间绿色和开放空间；
　　 完整的绿色空间；滨水生活

🎯 — 欧洲广场附近的居住区（Residential district in the European Quarter），法兰克福，德国

📝 — rohdecan architekten；Till Rehwaldt，德累斯顿

🖥 — www.rohdecan.de

🏆 — 三等奖

📅 — 2002 年

🗂 — 城市再开发，铁路用地转化，城市新区

🗂 — 分解型街区

🏷 — 提炼；对比；活力；几何准则：累加法；正交网格；建筑街区布局：轴线、（部分）对称、
　　 基准、序列/重复

城市建筑街区的空间定义作用并没有被特意保留的间隔所削弱

模型

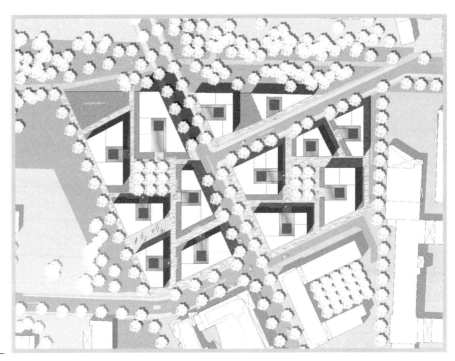

街区被分解成雕塑般的点式
建筑，但是其他建筑线条仍
旧保留

邻里广场透视图

 － Pelikan Viertel 酒店 *，汉诺威，德国

 － pfp architekten，汉堡

 － www.pfp-architekten.de

 － 参与第二阶段

 － 2009 年

 － 城市再开发，商业用地转化，城市
新区

 － **分解型街区**

 － 分区方式；发展用地布局：组群；通
过组合塑造场地；表现方式：说明性
场地方案、透视图

* 由旧工厂改建、翻新的酒店。——译者注

庭院式建筑

从形象的角度来说，庭院建筑将城市建筑街区的外部转变为内部。通过街区内部的庭院，获得了一种共享的或具有公共属性的场所。理想的情况是，花园和私人的户外空间都位于远离庭院的建筑的一侧。这些户外空间不应该直接设计在沿街，这样可以避免与其他建筑形式过于相似。在两次世界大战期间的维也纳庭院住宅内，有意地减少了私人开放空间，目的是加强工人住宅社区的感觉。

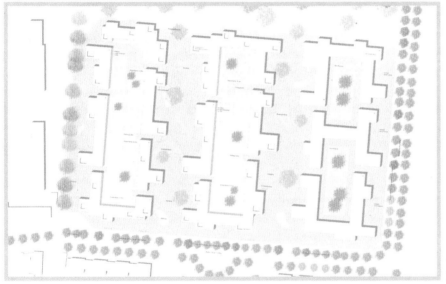

对庭院式建筑的形象化说法
是城市建筑街区的内外颠倒

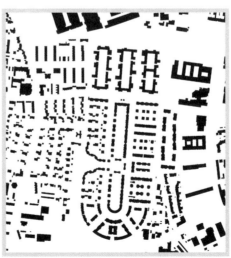

图底方案（poche plan）

- 🎯 — 赛马场北部（Rennplatz-Nord）开发区，雷根斯堡（Regensburg），德国
- 📝 — 03 Architekten；Keller Damm Roser Landschaftsarchitekten Stadtplaner GmbH，慕尼黑
- 🖥 — www.03arch.de
- 🏆 — 三等奖
- 📅 — 2010 年
- 📁 — 城市再开发，居住新区
- 📑 — 庭院式
- 🔖 — 提炼（内部边界）；累加法；社区绿色和开放空间；独立植树；表现方式：图底方案

紧凑的庭院住宅成为公园景观中的"岛屿"

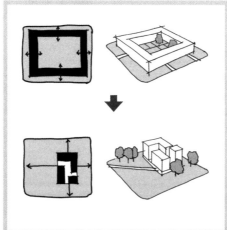

设计理念图示

- Gutleutmatten 区，布赖斯高地区弗赖堡（Freiburg im Breisgau），德国
- ASTOC 建筑师和规划师事务所；urbane gestalt，Johannes Böttger Landschaftsarchitekten，科隆
- www.astoc.de
- 一等奖
- 2010 年
- 城市扩展，城市新区
- **庭院式**
- 几何准则；累加法；发展场地布局：重复 / 韵律；尽端式路网；区级绿色和开放空间，流动绿色空间；表现方式：图示

通道区域同样是一个带有小型私人花园的庭院住宅

🎯 — 伊索尔德街（Isoldenstraße）住宅，
　　慕尼黑，德国

✍ — LÉON WOHLHAGE WERNIK；
　　J. Menzer，H. J. Lankes 和 ST raum
　　a. Landschaftsarchitekten，柏林

🖥 — www.leonwohlhagewernik.de

🏆 — 一等奖

📅 — 2003 年

🗂 — 城市再开发，商业用地转化，居住
　　新区

📚 — 庭院式

🏷 — 累加法；发展场地布局：序列 / 重复
　　/ 韵律；区级 / 社区级 / 宅间绿色和开
　　放空间

住宅庭院和绿色通道透视图

119

第6章　城市建筑街区

6.2.2 定向开发的线性布局和行列式布局

线性布局

线性布局和街块一样都是最古老的建设形式。在埃及的泰勒阿马尔奈（Tell el-Amarna）进行的挖掘，可以证明工人们的定居点采用了一种可以追溯到公元前 14 世纪的线性布局系统。在欧洲，线性布局源自单街道型村庄，这些村庄的农地就位于村庄的街道两侧，从建筑物背面延伸出来。中世纪的城市有成排的住宅，它们组成了连续的建筑界面。18 世纪，人口的聚集使建造宏伟的大型建筑成为可能，比如英国巴斯小镇的皇家新月楼，这是由小约翰·伍德于 1767 年设计建造的。

线性布局可以由独立的、半独立的，或多户并列的建筑共同组成，建筑的高度可能相同也可能不同。与独立的街区一样，通过平行于两侧建筑界面的笔直或弯曲街道，以及特定的建筑类型，人们可以从有铺地的建筑前空间或小前院进入内部，形成一种缓冲。更私密的开放空间通常位于建筑的后面，所以线性布局的建筑就这样清晰地将私密性与半私密性空间分隔开来。特别是如果以一种坚实的、封闭的方式建造，那么建成的线性布局建筑就会成为城市里的一种空间定义元素。原则上，线性布局是可以无休止地延续下去的，但是合理的联通建筑就有必要限制线性延伸的长度。

因为单一家庭居住的线性布局房屋需要独立的私人花园，那么线性延伸的方向就至关重要了。尽管南向和西向并配建有庭院的联排住宅很容易销售出去，但有东向庭院的住宅，除非是在人口非常密集的城市地区，否则需求量很低。

城市内部的线性布局房屋也被称作联排住宅。这些住宅也可以很容易地布局在曲线形的街道沿线。在内城中附加功能（如零售、停车等）可以被更加灵活地布置在线性街道两侧的首层空间。公寓可以被安排在底层以上的楼层，也可以安置在底层空间的两侧。

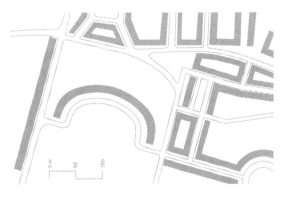

巴斯的皇家新月楼（Royal Crescent），
小约翰·伍德（John Wood），1767 年，
英国

- 🎯 — **西部边缘（Western Fringe）的发展**
  与重建，科隆－罗根多夫（Cologne-
  Roggendorf）/ 森霍芬（Thenhoven），
  德国

- ✏️ — Michael Hecker 博士，Architekt+Stadt-
  planer，urbane gestalt，Johannes
  Böttger Landschaftsarchitekten，科隆

- 🖥️ — www.hmw-architekten.de

- 🏅 — 一等奖

- 📅 — 2011 年

- 📁 — 城市再开发，铁路用地转化，居住新区

- 📑 — **线性布局**

- 🔖 — 对比；累加法；发展用地布局：序列 /
  重复 / 韵律；曲折的和拓宽的街道空间

设计理念受现状村庄的线性
人居模式启发，表现了地区
个性

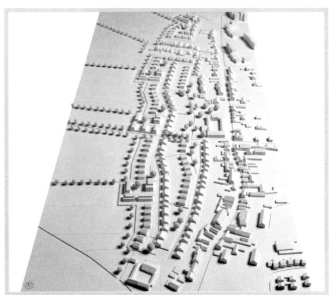

模型

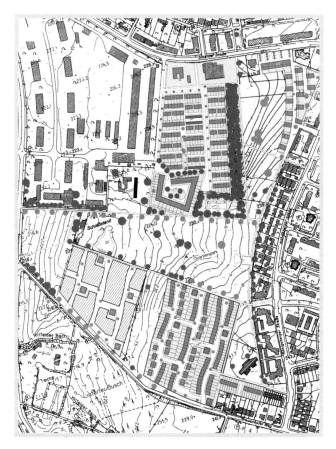

⊘ — Grauenhofer Weg，亚琛 - 福斯特
（Aachen-Forst），德国

✐ — Baufrösche Architekten und Stadt-
planer；Planungsgemeinschaft
Landschaft + Freiraum，卡塞尔
（Kassel）

▣ — www.baufroesche.de

◉ — 一等奖

▦ — 1999 年

▭ — 城市扩展，居住新区

◈ — **线性布局**

◣ — 累加法；不规则网格；额外组成部
分：行列式（北部部分），开放街区；
通过排除 / 留白塑造场地；线性的 /
——— 弯曲的，拓宽的城市空间

线性布局和行列式布局在
对两个居住区域空间的界
定上是不同于线性布局，
行列式布局中的花园朝向
最佳的南面

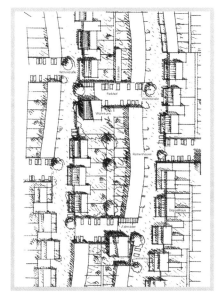

私人与公共开放空间细部

行列式

作为线性布局和块状布局的现代延续，在德国被称为"Zeile"的行列式布局被进一步完善。行列式布局将道路联系在一起，以现代主义口号"保证大众采光、通风和日照"为目标，同时对人行与车行交通加以隔离。

就住房形式而言，行列式和普通的线性布局（row）同样具有很强的适应性，可以由联排别墅、小房间和单层公寓组成（要么由楼梯或外部通道相连）。建筑形状也可以有很多的变化，轮廓可以是直线和曲线的双层或多层建筑，也可以是板式的高层建筑。

历史上的著名案例有 20 世纪 20 年代后期的现代主义建筑，比如位于德国卡尔斯鲁厄由沃尔特·格罗皮乌斯设计的 Dammerstock 住宅区，以及之后在法兰克福由恩斯特·梅设计建设的 Westhausen 住宅区。住房开发的固有方式，是对纵横垂直街道网两侧行列式房屋和公寓建筑进行不断重复。Dammerstock 住宅区的设计相当传统，建筑整齐排列在公用街道的两侧，而 Westhausen 住宅区则有自己不同的模式，在每栋建筑的后面都设有独立的步道从公用道路通向住宅。

卡尔斯鲁厄的 Dammerstock 住宅区，沃尔特·格罗皮乌斯，1928 年，德国

法兰克福的 Westhausen 住宅区，恩斯特·梅，1929 年，德国

　　鲜有其他类型的城市建筑街区模式像行列式一样富有争议。批评人士指责它否定了城市空间，因为这些建筑都是在空间里自由放置的，或者因为只有每一行的第一栋和最后一栋建筑遵守了街道空间的沿街布局位置。住宅的使用也可能会受到公共和私人开放空间之间弱差异性的影响，因为通常这种模式下建筑物的排列方式意味着通向一栋建筑的进入路径与外部的开放空间相连。其支持者则强调，行列式布局的应用，可以使所有公寓住宅都能达到均等最优，并且使无机动车邻里得以建立。

　　尽管现代主义的教条主义和激进主义已经基本消失，但行列式布局在城市设计师的作品中仍然占有重要的位置。行列式布局现在被应用于办公大楼和住房的组织，有时还将其他形式的城市建筑组织在一起，比如点状建筑。

这些小小的、无车的住房以联排别墅和双拼别墅的形式组成较短的行列，这些房子与公共空间垂直

带有会堂的西立面

⊙ – Das bezahlbare eigene Haus（负担得起的单户住宅），班贝格（Bamberg），德国

✎ – Melchior，Eckey，Rommel，斯图加特

▢ – www.marcus-rommel-architekten.de

◎ – 一等奖

▦ – 1997 年

▣ – 内城开发，无车邻里

◈ – **行列式**

◣ – 累加法；发展场地布局：基准、重复 / 韵律，组群；建筑街区在建设用地上的布局：基准、序列、通过组合塑造场地

设计者通过对行列式与点式
的简单组合，它们部分结合
在一起，创造出大量多样的
公共与私人开放空间

中央绿色通道

🎯 — 花园城市法尔肯贝格（Gartenstadt
Falkenberg），柏林，德国

🖊 — Architekten BDA Quick Bäckmann
Quick & Partner，柏林

🖥 — www.qbq-architekten.de

🏆 — 一等奖

📅 — 1992 年

📁 — 城市扩展，对布鲁诺·陶特（Bruno
Taut）1913 年设计的花园城市法尔肯
贝格的扩展

📚 — 行列式

🔖 — 累加法；额外组成部分：线性布局、
点式、行列式和点式的结合；尽端式
路网，通过排除与留白塑造场地；完
整的绿色空间，表现方式：说明性场
地方案；透视图

6.2.3 点式建筑

点式

作为一种建筑形式，点式建筑可以溯源到古老乡村的定居模式。农场的建筑通常由两三个独立的建筑组成，在群聚的村庄里，它们的组合是相当随机的，而在单街道布局（线性布局）的村庄里，它们则是沿着街道排列的。

现代风格住宅建筑的原型是上流社会的别墅。从它们中派生出来的是独立式的独栋住宅，另一种演化则是更为经济的复式住宅（半联式住宅）。所谓的城市住宅一般都是公寓大楼。这是一种紧凑而独特的 3—5 层建筑类型，每层有两到三个单元，也可以用作商业功能。一座点状建筑的优点是：拥有独立的地址、数量适中的住宅单元，以及所有公寓都具有很好的采光条件。

点式布局可以灵活地适应城市建筑街区。它们可以被组合在一起，也可以行列状排列，还可以被独立安置在街道上。

对于点式建筑，其尺寸是经济效益的重要指标，因此交通空间的总面积应在楼层面积中占有恰当的比例。例如，城市住宅只能以 15 米 × 15 米的最小面积建造。像高层建筑这样的垂直点式建筑则需要更大的交通空间。

主要的居住模式包括点式
（分离的独户家庭住宅）和
线性布局或组群式布局的双
拼住宅

场地划分

场地交通

住房类型

图示

- 克诺尔街（Knollstraße）居住区开发，
  奥斯纳布吕克（Osnabrück），德国

- ASTOC 建筑师与规划师事务所，科
  隆；Lützow 7，柏林

- www.astoc.de

- 一等奖

- 2006 年

- 居住区扩展，居住新区

- 点式

- 累加法；发展场地布局：基准、组
  群；建筑街区在建设用地上的布局：
  重复 / 序列、组群；循环环状

垂直点式 / 高层塔楼

高层塔楼用一组点式建筑构成了一种特殊案例。高层塔楼的层数至少为8层或以上。高楼大厦可以容纳住宅、商业功能或混合功能用途。高层塔楼可以容纳大量住宅空间，高层住宅被视为一种缺乏个性特征的住房形式，不适合家庭居住，但适合单身住户和年轻夫妇、面向服务导向的奢华生活，或临时住所和酒店。

尽管在20世纪50年代至70年代期间，只有少数住宅采用高层建筑，但它却成为亚洲超大型城市中的标准建筑。因为靠近赤道光照强烈，建筑物采光要求低，无须留出过大建筑间距来保证采光，故高度密、高层建筑较多。

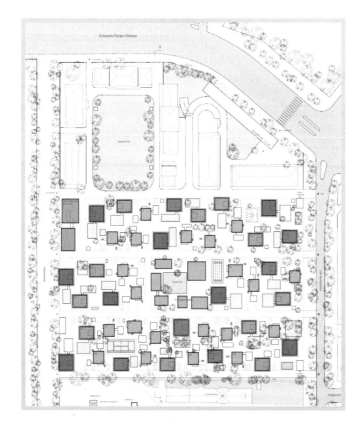

不同高度的独立塔楼布局在流动的、灵活的开放空间中

模型

- 维森费德制造联盟住宅展（Werkbundsiedlung Wiesenfeld），慕尼黑，德国
- Kazunari Sakamoto；Ove Arup，东京
- www.arch.titech.ac.jp/sakamoto_lab
- 获奖者（城市设计），第二阶段后的一等奖
- 2006年
- 城市再开发，军用地转化，居住新区
- **点式，高层塔楼**
- 累加法；正交网格；流动绿色空间

6.2.4 空间化结构

与标准的块状结构、线性布局或点式建筑街区形成对比的是，空间化结构占据了更多的区域和空间。空间化结构包括了簇群局部、地毯式发展的角落房屋或是带有中庭的房屋，以及由不断重复的曲折形行列布局形成的分子型结构和自由型结构。

地毯式发展

地毯式发展指的是一种类似于编织、纺织结构的建筑组织方式。地毯式模式起源于地中海地区，狭窄的街道和小巷提供了必要的荫蔽，而中心型的建筑类型往往根植于本地气候和文化条件。但在气候更温和的地区，庭院式也很受欢迎，因为它们提供了对隐私的保护，建筑高度多为单层或双层，同时拥有相对较低的建筑密度。通常通过一个步行通道系统来组织内部流线，如果需要的话，可以在设计期间在建筑平面中预留出共享的开放空间。这种建筑布局的问题在于缺少独立的地址，特别是在第二或第三排的建筑物。同时停车场虽然在某些地方可以部分地容纳在建筑物内，但总体来说是必然不足的。运用庭院式的典型是 20 世纪 60 年代的花园城市普亨瑙（Puchenau，上奥地利州），以及在 1992 年由罗兰德·莱纳（Roland Rainer）设计建设完成的维也纳的红荆巷（Tamariskengasse）住宅开发项目。

建筑物的布局就像一种编织的纺织品

- 贝尔格费尔德（Am Bergfeld）居住区，波因格 / 慕尼黑（Poing/Munich），德国
- keiner balda architekten，菲尔斯滕费尔德布鲁克（Fürstenfeldbruck）；Johann Berger，弗赖辛（Freising）
- www.keiner-balda.de
- 四等奖
- 2007 年
- 城市扩展，居住新区
- **空间结构 / 地毯式发展**
- 提炼；对比；几何准则、累加法；额外组成部分：线性布局、行列式 / 高层板楼、点式；通过组合塑造场地、严整网格植树

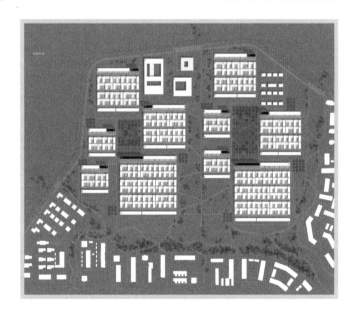

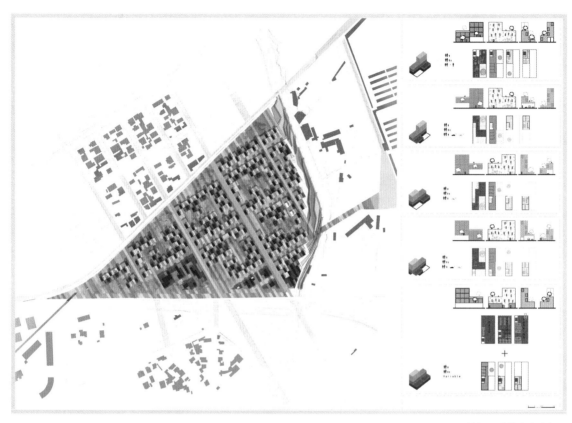

公寓楼采用传统庭院形式

透视图

🎯 — Europan 10,PIXELES URBANOS（城市像素），雷乌斯（Reus），西班牙

✏️ — Florian Ingmar Bartholome，Ludwig Jahn，José Ulloa Davet，巴塞罗那

🖥️ — http://europaconcorsi.com/ projects/119706-Pixeles-Urbanos-

🏅 — 荣誉提名

📅 — 2010 年

🗂️ — 城市扩展，居住新区

🗂️ — **空间结构 / 居住新区**

🏷️ — 累加法；正交网格；完整绿色空间

簇群式

城市设计中的簇群式布局指的是将建筑物聚集在一起的形式。簇群式的历史住宅区包括普韦布洛，这是位于美国和墨西哥边境地区的普韦布洛印第安人的台地式居民点。现代采用簇群式布局的规划设计主要存在于 20 世纪 60 年代和 70 年代。由于许多缺点，今天很少能看到类似的新项目。最著名的例子之一是联合国人居署 1967 年的住房开发项目，这是由建筑师摩西·萨夫迪（Moshe Safdie）为 1967 年蒙特利尔的万国博览会设计的。它由 148 个立方体形状的住宅组成，重叠布置，高达 10 层。[6] 在居住的质量上，一方面由于建筑高度很高，大量的立方体单元产生了大量的建筑屋顶并塑造出多样化的外部景观；但另一方面，每个独立的居住单元没有独立明确的地址，并且内部交通流线存在过长和过于复杂的缺点；此外，在层叠的建筑下面有大量的阴影区域和无数不美观的建筑底面。最后，由于系统中固有的建筑外表面面积与建筑体积（sa/v）的比例问题，簇群结构的能量效率显著地受到了影响。

6 For further info on Moshe Safdie's Habitat 67, see http://www.habitat67.com.

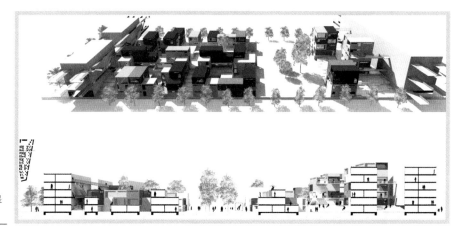

在城市设计中，簇群指的是
聚集在一起的建筑物

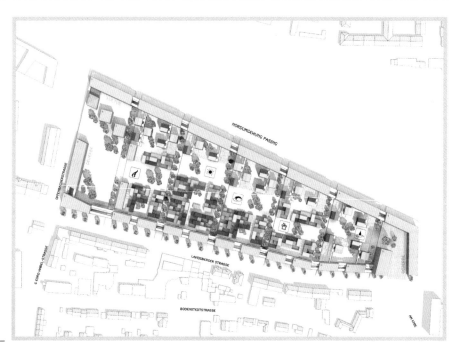

说明性场地方案

- 原货运场（Former Freight Yard），慕尼黑 – 帕兴（Pasing）车站，德国
- Daniel Ott 和 Robin Schraml，柏林
- www.robinschraml.com
- 2010 年
- 城市再开发，铁路用地转化，城市新区
- **空间结构 / 簇群**
- 累加法；额外组成部分：线性布局、点式、点式与线性布局的结合；发展场地布局：基准、重复 / 韵律、组群；通过排除和留白塑造场地；表现方式：断面

和印第安人普韦布洛村庄一样，上层的公寓也可以从下面的公寓的屋顶上看到

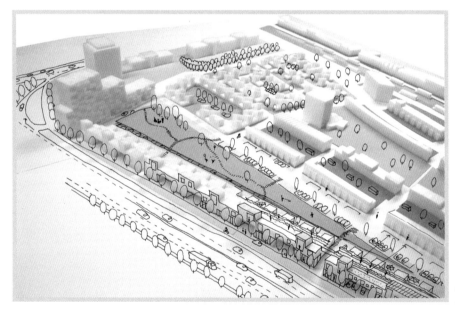

在工作模型上草绘表现制作

- ⊙ — Intense Laagbouw De Meeuwen，格罗宁根（Groningen），荷兰
- ✐ — DeZwarteHond，格罗宁根 / 鹿特丹
- ▣ — www.dezwartehond.nl
- 📅 — 2009 年
- 🗂 — 城市再开发，内城开发，居住新区和办公建筑
- ◈ — **空间结构 / 簇群**
- 🏷 — 累加法；额外组成部分：地毯式发展、高层；通过排除和留白塑造场地；表现方式：工作
  模型

分子型结构和自由结构

在第二次世界大战后的现代化进程中，单纯的行列式布局很快被批评为过于单调乏味。从 1960 年开始，直到 1973 年的能源危机，曾经盛行于 1950 至 1960 年的"宽敞的绿色城市"模式被"高密度城市"的指导原则所取代。作为城市场所感不足的主要原因，低居住密度被人们所诟病。出于意识形态的原因，规划者们并不倾向于诉诸传统的建设形式，比如城市建筑街区模式。作为一种解决方案，他们提出了一种弯曲的或蜿蜒的行列式布局在空间中自由地放置，并独立于街道。例如，在柏林的曼基仕居住区（Märkisches Viertel）和荷兰阿姆斯特丹巨大的庞基莫米尔（Bijlmermeer）居住区中，可以发现一些例子，比如一种高层建筑和分子式结构的住宅，或者是位于荷兰的巨大的庞基莫米尔住宅，这是一种由 11 层建筑组成的蜂窝状结构，使得通过蜂窝间隔的绿色空间保证通风。

今天，毫无争议的是，随着多样性、密度和功能的融合，公共空间在城市主义的发展中起着至关重要的作用。如果自由模式有意地定义了不同的区域，那么这一模式就能在这里有所帮助。因此，蜿蜒曲折的道路可以用来组织沿着街道、公共广场、半公共庭院和私家花园的建筑。

柏林的曼基仕居住区（Märkisches Viertel），沃纳·杜特曼（Werner Düttmann）等，1963 年，德国

蜿蜒的道路可以从街道上的建筑间穿过，也包括公共广场、半公共庭院和临近绿色区域

图底方案（poche plan）

自由路径方案的形态结合了
街块和庭院

模型

🎯 － **伊索尔德街（Isoldenstraße）住宅，**
慕尼黑，德国

✍ － Georg Scheel Wetzel Architekten，柏
林；Dr. Bernhard Korte，格雷文布罗
赫（Grevenbroich）

🖥 － www.georgscheelwetzel.com

⚙ － 三等奖

📅 － 2003 年

🗂 － 城市再开发，商用地转化，居住新区

📑 － **空间结构 / 自由路径**

🏷 － 累加法；建设用地布局：序列 / 韵
律；完整绿色空间

6.2.5　独立建筑

　　独立建筑，源自拉丁词"solitarius"（孤立的，单独的），在建筑和城市设计的语境中，指的是独立的、紧凑的、空间上占主导地位的建筑，它明显地从周边地区脱颖而出。历史上的例子包括寺庙、城堡、教堂和市政厅。

　　独立建筑物的形态向几个方向辐射，并被作为一个城市的地标。[7] 因此，建筑物的比例和外观的设计具有特殊的重要性。除了上面提到的传统的大型建筑街区之外，根据城市环境的不同，标准的建筑模块也可以形成一种单独的特征：密集的街区作为雕塑般的元素，以住宅或行政大楼的形式，或以行列式的高层建筑的形式出现。

独立的建筑物占据了细长的
绿色空间的两端

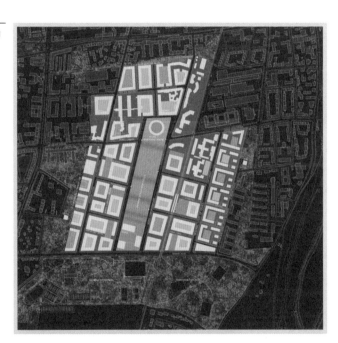

鸟瞰图

🎯 — 西门子伊萨尔南区办公楼（Siemens Site Isar-Süd），慕尼黑，德国

✏️ — JSWD Architekte；Lill + Sparla，科隆

🖥️ — www.jswd-architekten.de

🏆 — 一等奖

📅 — 2002 年

🗂️ — 城市再开发，对商业用地的持续开发，城市新区

📚 — 独立建筑

🏷️ — 累加法；正交网格；额外组成部分：封闭的、溶解街区、线性布局；建设用地布局：组群；通过建筑界定绿色空间

7 Kevin Lynch, *The Image of the City*（Cambridge，MA: MIT Press，1960），p. 96 ff.

6.2.6 混合式布局

混合式布局是标准建筑模块中的一个例外。当人们谈到混合式布局时必然指的是在单一的城市建筑街区中存在着至少一种以上建筑形式的新建筑综合体。这种融合通常存在于水平或者垂直方向上，或者通过建筑形式的转换。

水平方向混合式布局案例

街区和行列式布局的结合，形成了一种类似的结构：街道提供了外部可依托的轴线，就像一个建筑布局在街区的周边一样，而内部庭院与外部街道共同构成的开放空间与行列式布局的建筑，形成犬牙交错的图底关系。相反的构图同样可行，这样的情况下，建筑前小路取代庭院与外部街道发生关系。

自由模式[8]可以被理解为对街块、庭院、线性布局和行列式布局的一种混合。

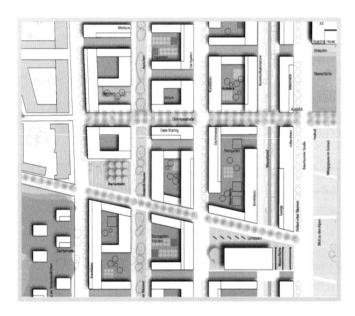
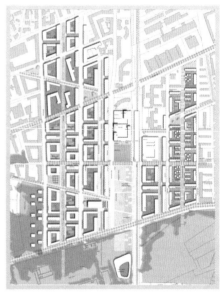

左图，不断重复的城市建筑街区是城市建筑街区和庭院的结合，它就像广场一样向公众开放。
右图，说明性场地方案

⌖ — 西门子伊萨尔南区办公楼（Siemens Site Isar–Süd），慕尼黑，德国

✎ — pp a|s pesch partner architekten stadtplane，黑尔德克（Herdecke）/ 斯图加特

🖥 — www.pesch–partner.de

◎ — 二等奖

📅 — 2002 年

🗂 — 城市再开发，商业用地持续开发，城市新区

◈ — 街块和庭院的混合

◈ — 累加法和叠加法；额外组成部分：封闭的、溶解街区、行列式、点式、独立建筑；通过组合塑造场地；通过建筑界定绿色空间

8 See also Molecular Structures and Meanders, p. 134 ff.

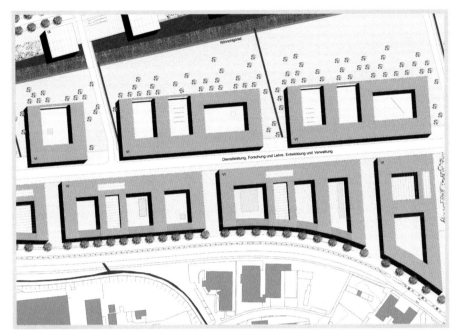

犬牙交错、多变的结构以多
种形式封闭，外部的光滑的
桥体，带有透明的保护措施，
防护噪声并阻拦视线

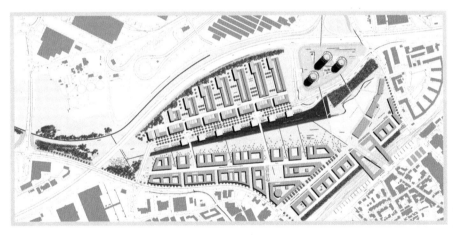

说明性场地方案

⊙ – **原机场场地，伯布林根（Böblingen）/辛德尔芬根（Sindelfingen），德国**

✎ – ap'plan mory osterwalder vielmo architekten und ingenieurgesellschaft mbh；Kienle
Planungsgesellschaft Freiraum und Städtebau mbH，斯图加特

🖥 – www.applan.de

🏆 – 一等奖

📅 – 2000 年

🗂 – 城市再开发，机场用地转化，新区和工业园区

◈ – **混合锯齿状结构**

◆ – 对比；累加法；额外组成部分：大型街区、封闭的、溶解街区、独立建筑；通过组合塑造
场地；滨水发展

对街区的混合布局和点式布局位于主要干道和独立建筑之间

点状元素的视图界定了周边街景

- 北方无线营房（Funkkaserne Nord Barracks）再开发，慕尼黑，德国
- LÉON WOHLHAGE WERNIK，Atelier Loidl，柏林
- www.leonwohlhagewernik.de
- 一等奖
- 2012 年
- 城市再开发，军用地转化，居住新区
- 混合式街区和点式布局
- 累加法；发展场地布局：轴线、序列 / 重复 / 韵律；表现方式：透视图

垂直方向混合式布局案例

城市建筑街区与高层建筑的组合：高层建筑从周边式街区演变而来，或矗立于周边式街区的建筑上方。

结合点式与行列式布局的城市建筑街区：首层空间采用封闭的周边式街块，主要用于商业使用。在这一问题上，行列式布局采用联排别墅的建筑形式，或采用多户型的城市住宅以及独户式住宅的形式。

高楼大厦与城市建筑街区的结合，使建筑的风格和城市的空间融合在一起

🎯 — **曼海姆 21 再开发区域（Mannheim 21 Redevelopment Area），曼海姆，德国**

✏️ — ASTOC 建筑师与规划师事务所，科隆；WES Partner Landschaftsarchitekten，汉堡

🖥️ — www.astoc.de

🏆 — 一等奖

📅 — 2002 年

🗂️ — 城市再开发，铁路用地转化，城市新区

📑 — **混合式街区和高层塔楼**

🏷️ — 累加法；额外组成部分：溶解街区，内城街区；通过建筑界定绿色空间

模型细部

变形案例

例如行列式与街块形式的融合，通过对行列式的变形，要么对空间进行弯曲要么对入户庭院或花园进行扩大，也可能是对建筑突出或内凹部分进行变形。

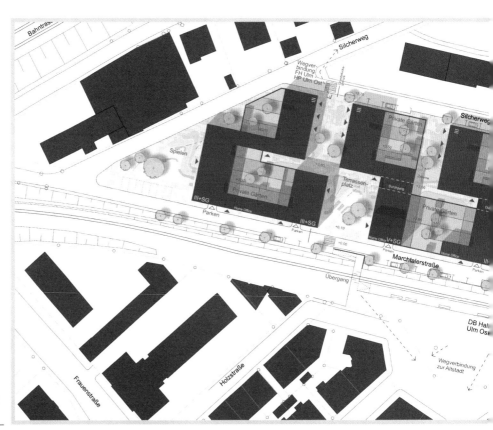

小的变化——巨大的影响：通过行列式布局的插入和变形，塑造不同的城市空间

- ⊙ — 马尔希塔勒街（Marchtaler Straße），乌尔姆，德国
- ✐ — studioinges Architektur und Städtebau，H. J. Lankes，柏林
- ▣ — www.studioinges.de
- ▣ — 一等奖
- ▥ — 2005 年
- ▢ — 城市再开发，商用地转化，居住新区
- ◈ — 变形的行列式
- ◤ — 累加法；通过组合塑造场地；社区 / 宅间绿色和开放空间

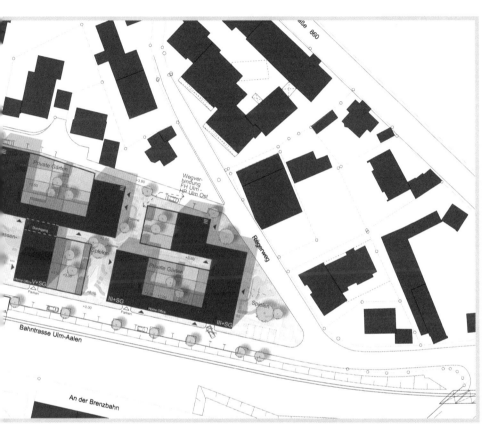

透视图和居住单元堆叠图示

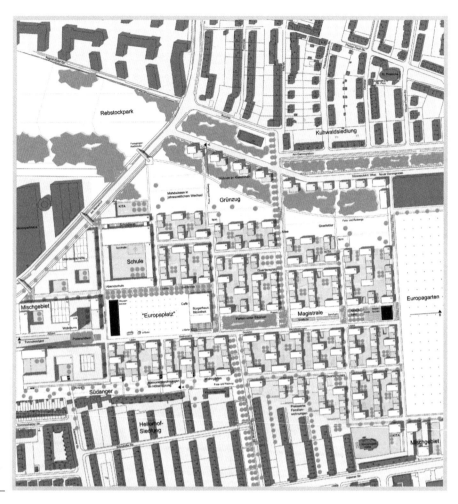

在行列的末端插入横向单元
作为空间的终止

模型细部

⊙ — 欧洲广场居住区，法兰克福，德国

✎ — b17 Architekten BDA，慕尼黑

▭ — www.kuehleis-architekten.de，
www.delaossa.de

◉ — 优胜奖

▦ — 2002 年

▣ — 城市再开发，铁路用地转化，城市
新区

◈ — 变形的行列式

◤ — 累加法；额外组成部分：城市建筑街
区：线性布局；通过组合塑造场地；
完整的绿色空间

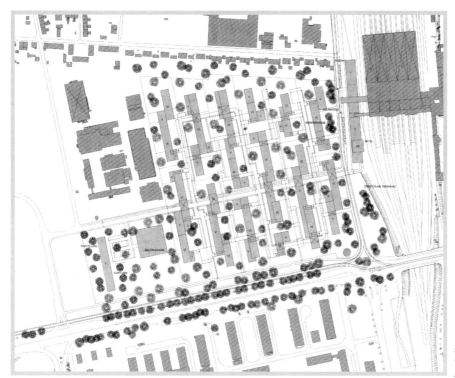

各种各样的投影和内凹创造
了不同的中间空间

中间空间的人视图

- Westufer 火车总站，达姆施塔特，德国
- Atelier COOPERATION Architekten & Ingenieure，法兰克福
- www.atelier-cooperation.de
- 优胜奖
- 1996 年
- 城市再开发，商业用地转化，居住新区
- **变形的行列式**
- 累加法；尽端式路网，环形街道体系；流动绿色空间

7

第 7 章 开发场地的布局、建设用地与城市建筑街区

— 在城市设计中，比较明智的方法是从一个比建设用地更大的视角入手，从区域或者是开发场地的尺度，而不是通过组装过程中最小的部分，即建筑物来入手。[1] 这有助于推进设计过程，也能在一个城市的整体生命周期中发挥重要作用。毕竟，城市整体布局的持久性比个别用地的建筑物多得多。

1 Helmut Bott，"Stadtraum und Gebäudetypologie im Entwurf，" in *Lehrbausteine Städtebau: Basiswissen für Entwurf und Planung*，6th ed.，ed. Johannes Jessen and Franz Pesch（Stuttgart: Städtebau-Inst.，2010），p. 150 ff.

7.1 将开发场地融入更大范围的原则

建设用地

建设用地是可供建设开发的用地，在其上"可以构想连续而功能一致的、独立的建筑群和建设单位"。[2]

开发场地

一块开发场地汇集了一组在设计或功能方面相关的一个以上的建设用地。一块独立的开发场地也可以被称为一个（建筑）街区或者邻里。

建设用地或开发场地的布置、位置、形状和大小，由城市文脉、地形、与现状城市肌理和景观建立联系的可能性、选定的建筑类型以及设计目标共同决定。然后这些建筑物再根据地段相应的限制条件，安置在建设用地上。

遵循总体组织原则和装配方式，在整体设计中重要的设计策略已经得到了深入的研究。除此之外，还有其他、更具体的组织原则是城市设计师可以借鉴的。这些原则在各个尺度的城市构成方面都是有帮助的。首先，这些原则是将开发场地组织为更大的城市街块——甚至更下一级，整合到街区或是邻里的方法。这些原则适用于把城市建筑街区安放在建设用地上。

7.1.1 轴线

一条轴线是连接两点之间的线段，沿着该线段可以安排建筑物、公共广场、公园、街区或建设用地。出于逻辑原因，起点（A）和终点（B）应该被赋予格外重要的功能，使得轴线会自然地沿着 A 和 B 之间的一条不言自明的路径延伸。

在理想城市的许多概念设计中，大型纪念性街道两侧充满建筑物，作为两侧对称布置的元素而定义整个空间。然而，实际上这种安排并不那么严格。作为一种一般规则，整条街上整体要素的布置应当是平衡的。此外，一条轴线的空间存在感将随着它边界的明晰，起讫点的明确而成比例增加。[3]

---

2 Ibid., p. 150.
3 Francis D. K. Ching, *Architecture: Form, Space, & Order* (New York: Wiley, 1979), p. 334 ff.

城市新区沿快速交通线路
布局

绿色通道延展至开放景观

⊙ — Europan 10，Europan 10，Tiefes
Feld-U-Bahn schafft Stadt（地铁创
造城市），纽伦堡，德国

✐ — .spf I Arbeitsgemeinschaft Schönle,
Piehler.Finkenberger，斯图加特 / 科隆

▣ — www.arge-spf.net；www.hp4.org

✪ — 优胜奖

▦ — 2010 年

▱ — 城市扩展，城市新区

▧ — **发展场地布局：轴线**

▨ — 累加法；城市建筑街区：城市街区、
行列式、线性布局；尽端式路网、环
境街道体系；完整绿色空间

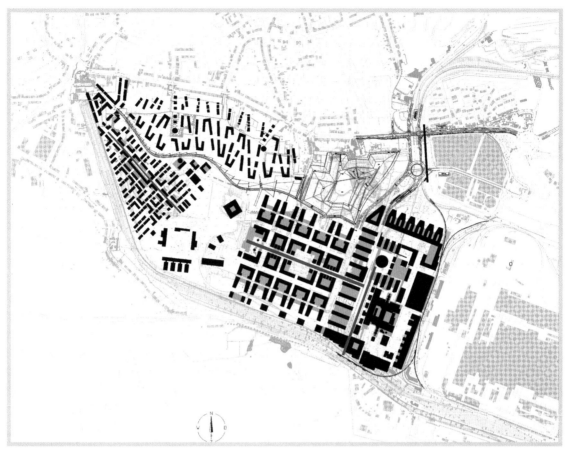

轴线串联起三个城市地
区：西部居住区，连接起
新火车站和 Mile 广场的
Hochofenterrasse，中心居
住区和商业区

⊙ — Belval-Ouest，阿尔泽特河畔埃施
（ Esch-sur-Alzette ），卢森堡

✎ — Jo Coenen Architects & Urbanists,
Rolo Fütterer，Maastricht；Buro
Lubbers，'s-Hertogenbosch

💻 — www.jocoenen.com，www.mars-
group.eu

⊙ — 一等奖

🗓 — 2002 年

🗂 — 城市再开发，工业用地转化，新区

◈ — **建设用地布局：轴线、对称**

🏷 — 提炼；对比；城市建筑街区：封闭
的、溶解街块、线性布局、点式；通
过组合和塑形塑造场地；线性的和弯
曲的街道空间

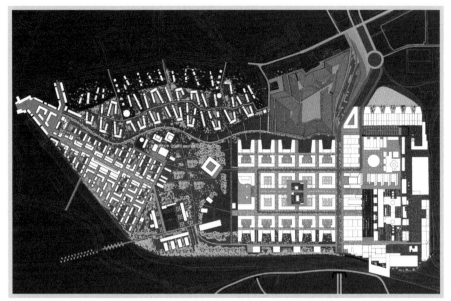

说明性场地方案

鸟瞰图

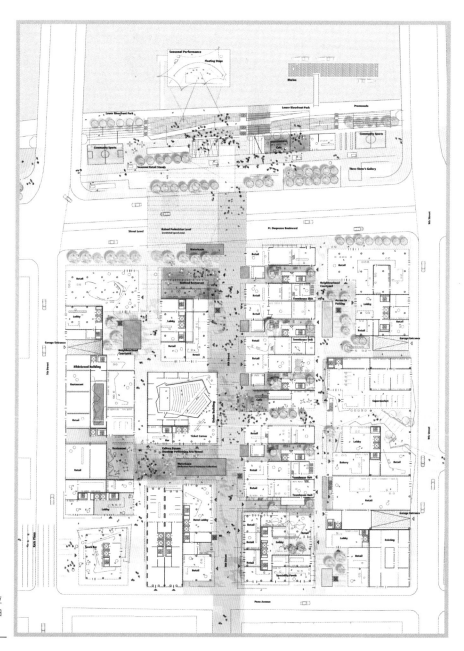

人们经常光顾的公共区域位于城市和河流之间的步行轴线上

鸟瞰图

从雷切尔·卡森桥的视角观
看的景观

- 滨水发展（RiverParc Development），匹兹堡，美国
- Behnisch Architekten,斯图加特；architectsAlliance,多伦多；Gehl Architects,哥本哈根；
  WTW Architects，匹兹堡
- www.behnisch.com
- 一等奖
- 2006 年
- 城市再开发，商业用地转化，城市新区
- **建设用地布局：轴线**
- 累加法；非规则正交网格；表现方式：透视图

城市空间是沿着铁路线的另一边，而新的周边发展来源于现有的结构

设计概念图示

🎯 — 巴伐利亚的巴赫霍夫（Bayerischer Bahnhof）再开发地区，莱比锡，德国

✏️ — Wessendorf Architektur Städtebau；Atelier Loidl Landschaftsarchitekten，柏林

🖥️ — www.studio-wessendorf.de，www. atelier-loidl.de

🏆 — 一等奖

📅 — 2011 年

📁 — 城市再开发，铁路用地转化，城市地区重组

📚 — **发展用地布局：轴线**

🏷️ — 累加法；城市建筑街区：封闭街区、内城街区、行列式、点式；通过组合塑造场地；
———— 表现方式：图示

7.1.2 对称

"对称性"这个术语起源于古希腊文"symmetría"（"比例"，来源于"summetros"，类似于"测量"：是"syn-"+"metron"的结合）。[4] 因此，对称性代表一种平衡的，将部分安排在整体中的布置。对称性可以被分为两种：

• 一种是轴向对称，也称为双边对称，物体沿着轴线被镜像复制。这样的图像和它的反射图像是一致的，但它们彼此是镜像关系。在城市设计中，这种组织原则导致一系列相互统一关联的建筑物体量和空间向着轴线的左侧或右侧开放（例如街道、公共广场等）。

• 另一种是点对称，也称为径向对称，通过围绕中心点按照特定角度旋转而形成对象。如果元素本身是对称的，并且其对称轴线与旋转中心对齐，则反射点在与中心点相交的元素之间产生另外的径向对称轴。在城市设计中的例子一般是圆形广场，或者交通环岛。平均分布的径向街道和均匀划分的城市街区一同定义了公共空间。

纯粹对称的组合在当代城市设计中是很少见的，特别是因为对许多人而言，由于历史原因，这些形式代表着一种主导性，是绝对主义或极权主义秩序的象征，而不是一种多元的、开放的民主社会的象征。

如前所述，对称图形具有一种根本性的影响，即可以迅速引起我们的注意；但是，如果形式太过简单，这种受关注度也会很快消失。不过，这种获取关注的技巧是可以被使用的，在其他自由的组合中可以部分使用对称性的手法。部分对称性可以在保持整体组合自由感的情况下实现具有秩序感的效果。因此结果便是，整体的组合更加丰富，也更加令人兴奋。[5]

巴黎星形广场（Place de l'Étoile），乔治·欧仁·奥斯曼（Georges-Eugène Haussmann），1860 年，法国

部分对称建立了秩序，同时保留了整体构成的自由

---

4 http://www.thefreedictionary.com/symmetry（accessed January 7，2013）.
5 Rudolf Wienands, *Grundlagen der Gestaltung zu Bau und Stadtbau*（Basel/Boston/Stuttgart: Birkhäuser，1985），p. 106.

- 青岛科学技术城，青岛，中国
- KSP Jürgen Engel Architekten，柏林 / 不伦瑞克 / 科隆 / 法兰克福 / 慕尼黑 / 北京
- www.ksp-architekten.de
- 一等奖
- 2011 年
- 城市扩展，新城
- **发展场地布局；对称 – 点式对称**
- 提炼；正交网格；城市建筑街区：封闭的和溶解的街区；内城街区、庭院、行列式、点式、高层塔楼、空间结构、自由路径、混合式；区级绿色和开放空间

从构图角度看，狭长的公园使发展场地的各个位置都能获得 180° 的视野

鸟瞰图

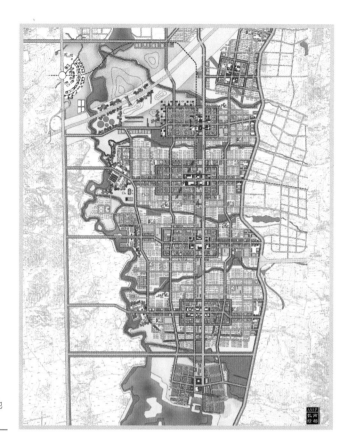

这个简洁的轴线为整个场地
带了秩序

鸟瞰图

 — **长春净月生态城**，长春，中国

— AS&P – Albert Speer & Partner，法
兰克福 / 上海

— www.as-p.de

— 一等奖

— 2007 年

— 城市扩展，新城

— **发展用地布局：对称——部分对称**

— 累加法和叠加法；发展场地布局：轴
线、等级化、基准、重复 / 韵律

7.1.3 等级

在城市设计中，通常有一些地区在等级秩序上要高于其他地区。功能方面的原因通常是决定性的：例如，这些地区承载了核心机构，或者中央广场。此外，形式和象征意义上的差异也可能是建立等级结构的一个原因。等级较高的地区，会与大部分标准化的典型地区在地理位置、轮廓、布局、密度或形式方面区分开来。[6]

尺寸／密度

一块在尺寸和密度上显著得大于其他区域的地区，对于其他较小或较不密集的地区或建筑物具有主导作用。然而，与之相反，即使是较小或较低密度的地区或建筑物也可以在整体设计中占据突出的位置。

- **兰格・拉赫（Lange Lage）校园**，比勒费尔德（Bielefeld），德国
- pp a|s pesch partner architekten stadtplaner，黑尔德克（Herdecke）/ 斯图加特；Agence Ter，卡尔斯鲁厄 / 巴黎
- www.pesch-partner.de
- 荣誉提名
- 2007 年
- 城市扩展，新校园
- **建设用地布局：等级——尺度、密度、布局**
- 叠加法；通过建筑界定绿色空间

由于它的规模和密度，绿色走廊在初始阶段的大学建筑群中，似乎在与其他建筑的关系中占据主导地位

6 Here and below, see Ching, *Architecture*, p. 350 ff.

轮廓 / 形状

当发展地点或地区的形状或轮廓与其他相同大小的构成要素明显不同时，这一地区也可以占据主导地位。然而，为了避免主观性，形状的变化应在功能性或其他实质性要素中能够得到自证。

⌖ — 波茨坦广场（Potsdamer Platz）/ 莱比锡广场（Leipziger Platz），柏林，德国

✎ — HILMER & SATTLER und ALBRECHT，柏林 / 慕尼黑；G. and A. Hans-jakob，柏林

▣ — www.h-s-a.de

◉ — 一等奖

▦ — 1991 年

▥ — 城市修复，区域和广场重建

❖ — 建设用地布局：等级——尺度、密度、形式

⬚ — 几何准则；城市建筑街区：内城街区、高层塔楼、混合式；通过组合和塑形塑造场地

在这两个正方形区域上的特殊区域，在大小、密度、轮廓和形状上都与其余的典型区域形成了对比

模型

布局

等级地位高的地区还可以通过其位置和布局来加以强调——例如，布置在轴线的开始或结束处，在开发站点或区域的中心，或作为独立的相邻区域。

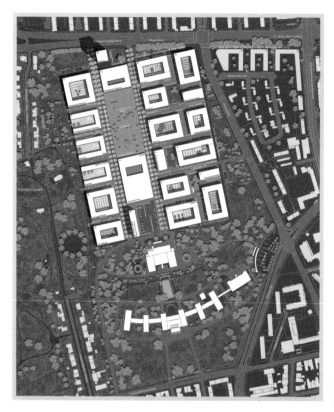

从布局看，等级化的建筑布局清晰可见

夜间透视图

 – **歌德（Goethe）大学西校区**，法兰克福，德国

– JSWD Architekten，科隆；KLA - Kiparlandschaftsarchitekten，杜伊斯堡（Duisburg）

– www.jswd-architekten.de

– 优胜奖

– 2003 年

– 城市再开发，军用地转化，新校园

– **建设用地布局：等级化——布局**

– 提炼；几何准则；分区方式；城市建筑街区：封闭的、溶解的城市街区、高层塔楼；通过排除和留白塑造场地；通过建筑界定完整的绿色空间

等级结构优越的区域位于轴
线的开端、中部和末端

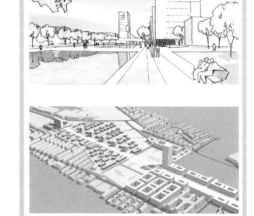

图解

⊙ — **欧洲广场居住区**，法兰克福，德国

✍ — h4a Gessert + Randecker
Architekten；Glück
Landschaftsarchitektur，斯图加特

🖥 — www.h4a-architekten.de

📷 — 一等奖

📅 — 2002 年

🗂 — 城市再开发，铁路用地转化，城市
新区

🗂 — **建设用地布局：等级化——布局**

🔖 — 累加法；城市建设用地：开放街区、
线性布局、行列式 / 高层板楼、点式、
高层塔楼；发展场地布局：轴线；完
整绿色空间、表现方式：透视图

7.1.4　基准

线性、弯曲或平面的基准是或多或少异质的形式、元素、建筑房屋用地或区域顺序和聚集方式的参考元素。在城市设计中可靠的且经过验证的一种基准线是线性的轴。高度不同的元素可以沿轴的一侧或两侧排列。使轴具有足够的视觉连续性是非常重要的。

如果沿着轴的一侧被刚性地限定，那么该轴对于这一侧便是一条主轴，其他元素可以沿着它排列。如果从轴线的另一个方面看，如果轴线在连续的、密集的建设用地中产生，则这种效果就更加强烈。同时组织建设用地或建筑物的公共广场也可以是平面的参考元素。一般来说："如果是平面形式，那么基准面必须具有足够的大小、围合感和规律性，才能被视为可以包围或聚集这个领域内各个元素的图形。"[7]

基准面的一个史例是 1883 年由土木工程师马塔（Arturo Soria y Mata）提出的线性城市模型，用来连接马德里周围的卫星城镇。在这个带形城市上，定居点安置在基准面的两侧—— 一条宽阔的大道，同时也是综合电车线。

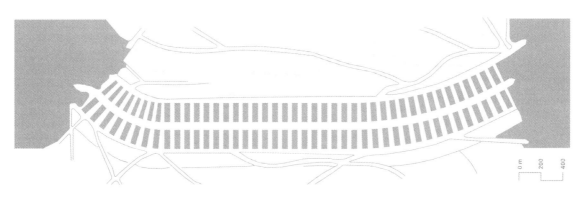

带形城市，马德里，阿图罗·索里亚·伊·玛塔（Arturo Soria y Mata），1883 年，西班牙

7　Ibid., p. 358.

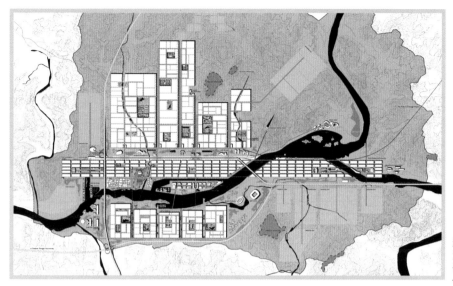

这个带形的城市区域可以作为一个基准面来为两侧的居住区域提供秩序

透视图

⊙ — **韩国新型多功能管理城市**，韩国

✐ — LEHEN drei Architekten Stadtplaner，Feketics，Schenk，Schuster，Stuttgart，C. Flury，F. Müller，S. Witulski，康斯坦茨（Constance），德国

▣ — www.lehendrei.de

◷ — 入围名单

⊞ — 2005 年

▭ — 新城，首尔卫星城

⬨ — **发展场地布局：基准**

◆ — 提炼；累加法和叠加法；正交网格；发展场地布局：基准、序列 / 韵律；表现方式：说明性场地方案

— 欧洲城（Europacity）/海德街
（Heidestraße），柏林，德国

— ASTOC 建筑师和规划师事务所，科隆；
KCAP 建筑师和规划师事务所，鹿特丹 /
苏黎世 / 上海，以及柏林 UC 工作室

— www.astoc.de，www.kcap.eu

— 一等奖

— 2008 年

— 城市再开发，内城开发，居住和工作
功能的城市新区

— 发展场地布局：基准

— 累加法；城市建筑街区：封闭的、溶
解街区、线性布局、行列式、混合式；
环状街道网络；通过组合和塑形塑造
场地；滨水生活

沿着主干道严格分隔的开发
场地构成了一系列附加开发
场地的主干

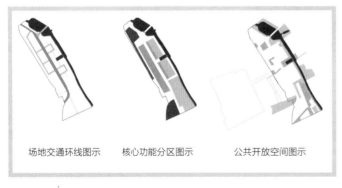

场地交通环线图示　　核心功能分区图示　　公共开放空间图示

功能性图示

- **G** — Europan 11，中心湖（Central Lake），运河区（Kanaal zone），吕伐登（Leeuwarden），荷兰
- **✎** — BudCud，克拉科夫（Krakow），德国
- **🖥** — www.budcud.org
- **Ⓞ** — 荣誉提名
- **📅** — 2012 年
- **📁** — 城市扩展，居住新区
- **◈** — 建设用地布局：**基准**
- **◈** — 累加法；城市建筑街区：线性布局、行列式、点式、空间结构；社区/临近绿色和开放空间，滨水生活；表现
- **___** 方式：图示

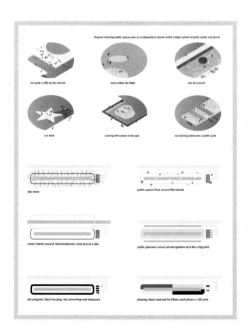

设计图示

单独开发的建筑地块的基准是平行于现有运河的新运河

7.1.5　重复 / 节奏

　　城市设计也可以被描述为重复和变化的艺术。在城市设计中，就像在音乐里一样，主题首先通过重复而存在。出现的是组织城市的节奏，而不允许以某种单调性去发展。在这里，相似的规律是有效的，因为相同或类似的结构化元素比互相没有关联的元素更容易使人们获得明确的体验感受。对比的原则也可以被用来加强某个特定的主题，例如通过重复对比两种差异性的要素，比如建筑肌理（开发场地 / 建筑物）和开放空间（公园、广场、水面等）。然而，重复的数量应受到限制，通过其他要素进行补充或是通过叠加或打乱的方式赋予变化，因为不这样做的城市设计将是单调的。

　　奇数次的重复是比较理想的：因此，三个、五个或七个元素组成的节奏能够通过中轴对称产生有节奏感的效果；而相比之下，二个、四个或六个元素组成的节奏往往会显得不平衡。[8]

8　Wienands, *Grundlagen der Gestaltung*, p. 116-118.

- ⌖ — Innerer Westen，雷根斯堡（Regensburg），德国
- ✎ — Ammann Albers StadtWerke mit Schweingruber Zulauf Landschaftsarchitekten BSLA，苏黎世
- ▭ — www.stadtwerke.ch
- ◉ — 一等奖
- ▦ — 2011 年
- ▱ — 铁路用地转化，居住新区
- ◆ — **发展场地布局：重复 / 变化 / 韵律**
- ◈ — 提炼；累加法；城市建筑街区：溶解街区、行列式、点式；环状道路系统；完整绿色空间

模型

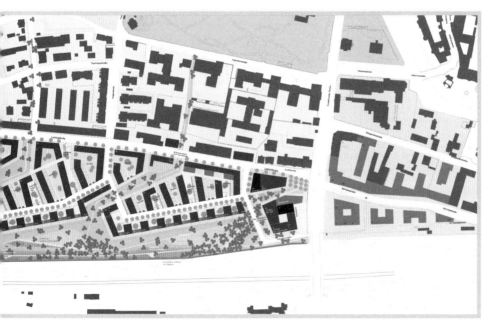

就像精密的齿轮一样，均匀的
结构与绿色的间隙相互交错

开发场地的韵律——绿色间隙——通过重复设计元素，比如滨水步道和住宅塔楼进行强调

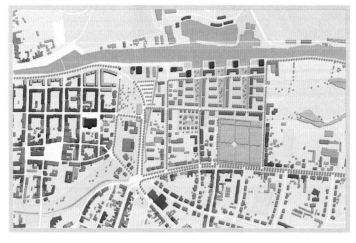

场地方案

⊙ — **吕克（Ryck）河沿岸新住宅**，格赖夫斯瓦尔德（Greifswald），德国

✎ — Machleidt GmbH 城市设计办公室，柏林

🖥 — www.machleidt.de

🏆 — 二等奖

📅 — 2006 年

🗂 — 城市更新，商业用地转化，居住新区

◆ — **发展用地布局：重复 / 变化 / 韵律**

🔖 — 累加法；城市建筑街区：溶解街区、线性布局、点式、独立建筑；通过组合塑造场地；滨水生活

通过重复同样形式的广场，同时也通过略微变化的个体元素来表现韵律

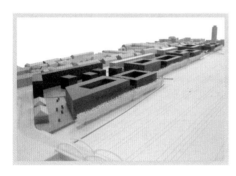

🎯 — 兰茨贝格尔街（Landsberger Straße）– Bahnachse Süd，慕尼黑，德国

📝 — Rolf-Harald Erz for SIAT GmbH with Bartosch Puszkarczyk，慕尼黑；EGL GmbH，兰茨胡特（Landshut）

🖥 — www.erz-architekten.de

🏆 — 一等奖

📅 — 2003 年

📁 — 城市再开发，内城开发，居住和工作功能的城市新区

📚 — 发展场地布局：**重复 / 变化 / 韵律**

🏷 — 累加法；城市建筑街区：封闭街区、线性布局；通过组合塑造场地；社区级绿色和开放空间；表现方式：图示

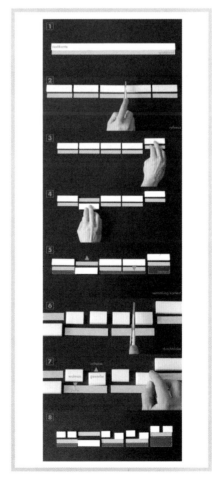

左图：模型
右图：设计步骤

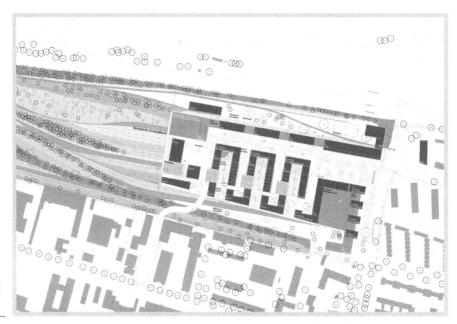

通过重复一个令人难忘的主题：这里是环形空间和花园庭院组成的空间序列

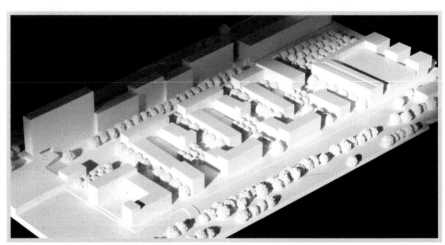

模型

- Leben in urbaner Natur（居住在城市自然中），慕尼黑，德国
- Ammann Albers StadtWerke，Schweingruber Zulauf Landschaftsarchitekten BSLA，苏黎世
- www.stadtwerke.ch
- 一等奖
- 2010 年
- 铁道用地转化，城市开发，新城区
- **建设用地布局：序列 / 重复**
- 累加法；城市建筑街区：溶解街区、庭院、线性布局、高层、自由路径；通过组合塑造场地；宅间绿色和开放空间

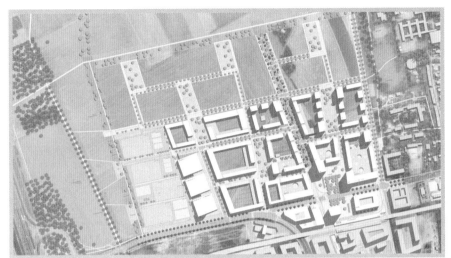

对邻里公园的重复创造了场地的韵律

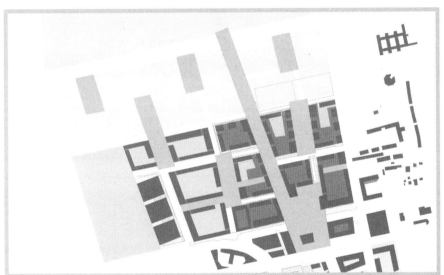

开放空间图示

⚘ — 慕尼黑北社区（Freiham Nord）区域中心，慕尼黑，德国

✏ — MORPHO-LOGIC Architektur und Stadtplanung；t17 Landschaftsarchitekten，慕尼黑

🖥 — www.morpho-logic.de

🏆 — 三等奖

📅 — 2011 年

🗂 — 城市扩展，新区中心

◈ — **建设用地布局：重复 / 韵律**

🔖 — 累加法；城市建筑街区：封闭的和溶解街区、点式 / 高层塔楼、混合式；通过组合塑造场地；社区绿色和放开空间

7.1.6 组群

基于相邻布置的方式以及共同的参照物（如公共广场），不同的相邻元素得以统一纳入同一组群，尽管更加相似的元素更容易体现一致性。组群还可以被看作一种特殊的重复方式。通过对其中一组元素排列方式的重复，来构建更大的组群创造出独特的空间韵律。

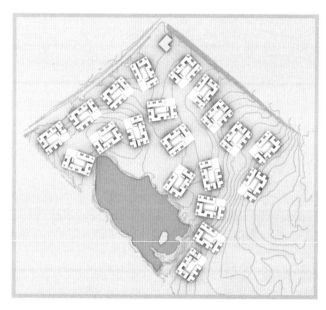

🎯 – **可支付性住宅**，赫尔辛格（Helsingør-Kvistgård），丹麦

✏️ – Tegnestuen Vandkunsten，哥本哈根

🖥 – www.vandkunsten.com

🏆 – 一等奖

📅 – 2004 年

🗂 – 城市扩展，居住新区

📑 – **建设用地布局：组群**

🏷 – 累加法；城市建筑街区：庭院、线性布局、空间结构；尽端式路网；流动绿色空间

相似的元素形成更加统一的组群，而非不统一的

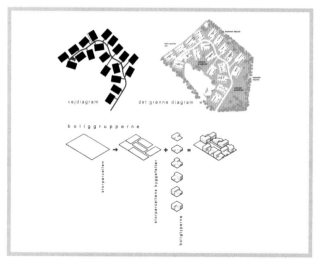

图示

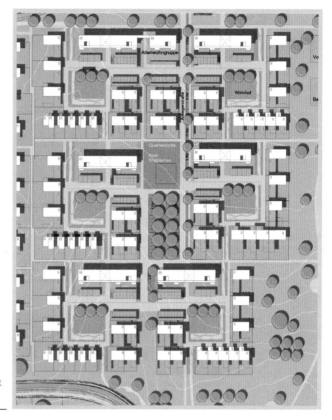

🎯 — 居住区和景观公园，埃朗根，德国

✎ — Franke + Messmer，埃姆斯基兴（Emskirchen）; Rößner and Waldmann，埃朗根; E. Tautorat，菲尔特（Fürth），德国

🖥 — www.architekten-franke-messmer.de

🔍 — 二等奖

📅 — 2009 年

📁 — 城市扩展，居住新区

📑 — 建设用地布局：**组群**

🔖 — 深度（普遍设计理念）

建设用地以组群形式围绕平面基准——邻里广场

图底方案

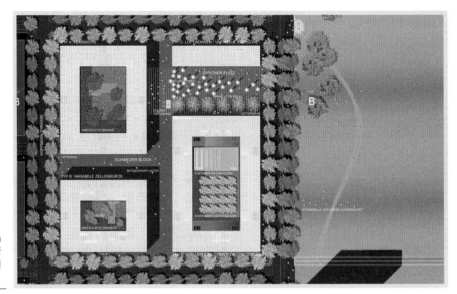

在无车并带有邻里广场的场地上组群化组织城市建筑街区。在发展场地上，人居模式不断重复并富有变化

轴测图

- 西门子伊萨尔南区办公楼（Siemens Site Isar–Süd），慕尼黑，德国
- JSWD Architekten；Lill + Sparla，科隆
- www.jswd-architekten.de
- 一等奖
- 2002 年
- 城市再开发，商业场地持续开发，城市新区
- 建设用地布局——组群
- 独立建筑

- 城堡区和屠宰场站点（Schlösserareal und Schlachthofgelände），杜塞尔多夫，德国

- buddenberg architekten，杜塞尔多夫；FSWLA Landschaftsarchitektur，杜塞尔多夫 / 科隆

- www.buddenberg-architekten.de

- 三等奖

- 2006 年

- 城市再开发，商业用地转化，城市新区

- **发展用地布局：组群**

- 累加法；城市建筑街区：开放式街区、线性布局、行列式：通过组合塑造场地

紧凑的开放场地之间的空间成为城市的一部分

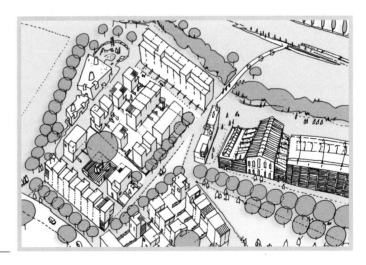

透视图

7.2 建设用地上城市建筑街区的组织原则

在建设用地上布置城市建筑物时，首先必须回答有关整体设计中有关场地的重要问题：它在整体设计中处于什么位置，以及它与相邻的建筑物是什么关系？一旦这些条件明确了，下一个逻辑问题便是：哪种城市建筑街区是适当的？例如，在城市内部的环境中，一个四周封闭的街块是一种不言自明的正确选择；但在郊区住房开发的背景下，就与此相反，行列式的街块就更有可能被使用。

一方面，所选择的城市建筑街区在功能、方向和路径上的内在逻辑被明确地定义；而另一方面，设计师也可以拥有选择的自由，例如，城市街区本身是独立安排的，同时在街道周围独立安置基础设施。但是，因为周边环境与文脉可能存在的差异，也可以通过在周边区域的边缘处创建出入口，或者将建筑形式集中在某些地方。

城市建筑物在建筑街区中的安置原则与前文概述的组织原则密切相关：加法和分割法再一次地在轴线组织、对称、层次、基准、重复、排序、节奏等方面起着重要的作用和分门别类的意义。除此之外，还必须考虑到规范，即不同国家之间关于建筑间距的强制性规则。

以下的组织原则有助于安排城市建筑物和街块。

7.2.1 轴和对称性

通过沿着轴线布置城市建筑街区，可以为大批建筑物提供明确的方向。如果建筑物对称地安置在城市建筑街区上，则场地将呈现静止状态，而不对称的布置使得场地拥有了一种动态的方向。

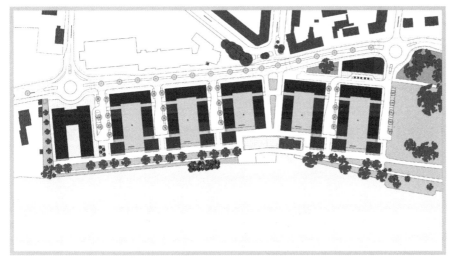

轴线对称的城市街区向水面
开放

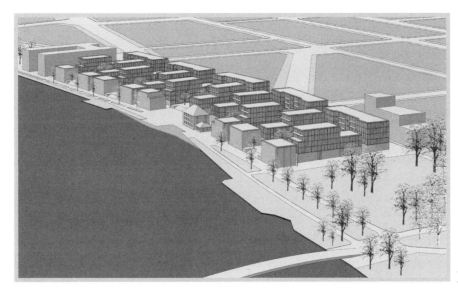

鸟瞰图

- 荷洛塞（Herosé）– 莱茵河畔的城市（ Stadt am Seerhein），康斯坦茨，德国
- KLAUS THEO BRENNER STADTARCHITEKTUR；Pola Landschaftsarchitekten，柏林
- www.klaustheobrenner.de
- 一等奖
- 2002 年
- 城市再开发，工业用地转化，城市新区
- **建设用地上的城市建筑街区布局——轴线 / 对称**
- 累加法；倾斜网格；城市建筑街区：开放城市街区；发展用地布局：序列 / 重复 / 韵律；
  完整绿色空间

7.2.2 等级化

具有较高等级地位的地区会从其他典型的地区中脱颖而出。[9] 在一个建筑场地内，特别是当不同功能或使用强度的建筑在一起时尤为突出。例如，对于建筑体量的不平等或强调性的分配可以使一部分的建筑在等级上优于其他部分，例如，当建筑物面向公共广场时。城市建筑街区上建筑物的等级秩序也可能是由于相邻街道上交通负载的差异，或建筑物过渡到绿色空间的相对位置造成的。

说明性场地方案

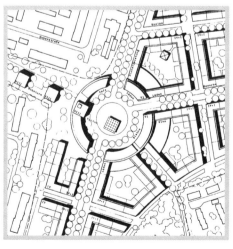

场地上的等级更高、密度更大的区域位于广场周围

- 蒂宾根南城（Südstadt Tübingen），德国
- LEHEN drei – Feketics，Kortner，Schenk，Schuster，Wiehl，斯图加特
- www.lehendrei.de
- 一等奖
- 1992 年
- 城市再开发，军用地转化，城市新区
- **建设用地上的城市建筑街区布局——等级化**
- 提炼；累加法；正交网格；城市建筑街区：封闭的、溶解街区、线性布局、点式；发展场地布局：轴线；通过组合和塑形塑造场地

9 See also 7.1.3 Hierarchy

7.2.3 基准

只有在特殊情况下，建筑物本身才能成为参考元素，例如在场地的设计阶段，建筑物的尺寸足够大，并以突出的方式构建时。

然而，建筑物可以很容易地成为线性或平面基准的一部分或边缘，即当城市建筑街区的选择和布置在实体上和功能上正式地求助于以下参考元素时：

- 作为区域，开发场地或城市中心区域的一部分；
- 作为一个位于中心的绿色空间或公共广场的边缘；
- 作为由建筑物严格限定的轴的一部分；
- 作为由持续密集的建筑物组成的定向表面形式的脊柱的一部分。

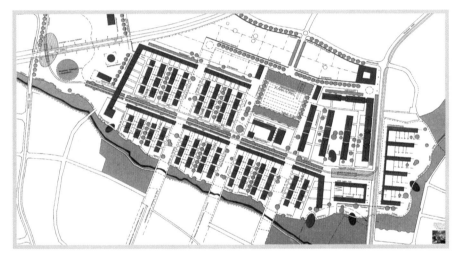

说明性场地方案和剖面

沃邦居民区（Quartier Vauban），布赖斯高地区弗赖堡，德国

Kohlhoff Architekten，斯图加特

一等奖

1994 年

城市再开发，军用地转化，城市新区

建设用地上的城市建筑街区布局——基准

累加法；城市建筑街区：线性布局、行列式、点式；发展场地布局：轴线、序列 / 重复 / 韵律；完整绿色空间

建筑街区位于轴线的一侧，同时部分建筑也是划分轴线的一部分。城市建筑街区也相应地排列在一起：与沿轴线的街道平行，并向绿地开放

7.2.4　重复，序列，节奏

如上所述，每个主题都需要一定数量的重复，以便容易被识别。这种情况在城市设计中，通过重复各种尺度的相同或相似的设计元素达成：包括整体设计中的街区的重复、截取的部分建设用地以及建设用地内的城市建筑物的重复。在这里，对建设用地内的城市建筑街区进行重复是可行的，但也不必对单一类型进行重复。通常在一块建设用地上的组合有多达三种不同的重复元素。通过对城市建筑街区的重复，建筑物和开放空间有节奏地出现，给予建筑物以秩序。这些元素通常以一定角度安置成行或彼此面对。对布局至关重要的是规划师的设计目标，例如加强公共领域、优化自然采光、保证充分的阳光直射，以及通过共享或私人的公共空间或大型绿地，创造广泛多样的住宅选择，并以小的私人花园进行连接。

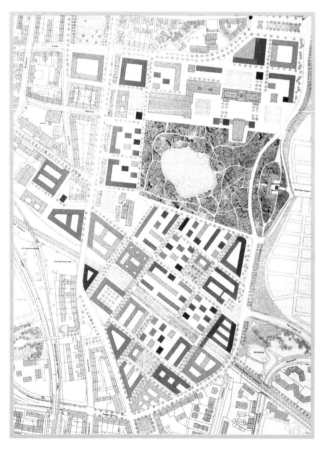

对开放空间和建成结构的重复赋予建筑场地韵律

🎯 — Theresienhöhe，慕尼黑，德国

📝 — Steidle + Partner Architekten，慕尼黑；Thomanek + Duquesnoy Landschaftsarchitekten，柏林

🖥 — www.steidle-architekten.de

🏆 — 一等奖

📅 — 1997 年

🗂 — 城市再开发，贸易用地转化，城市新区

📑 — **建设用地上的建筑街区布局——序列／重复／韵律**

🏷 — 定性特征：累加法；正交网格；城市建筑街区：封闭街区、溶解街区、内城街区、线性布局、行列式、点式、混合式；通过组合塑造场地

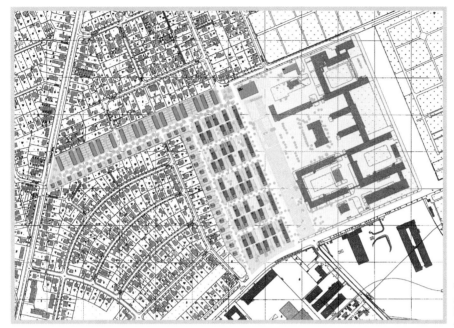

行列式通过不同的间距，形成了不同的建筑、环线、花园和广场

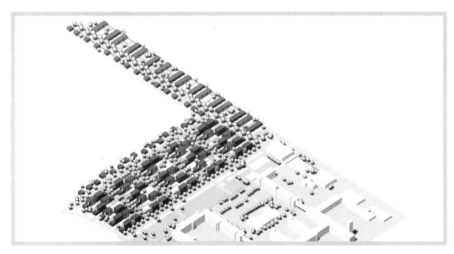

轴测图

- 联邦雇员住宅（Housing for federal employees），柏林 - 施泰格利茨区（Steglitz），德国
- Geier，Maass，Staab，Ariane Röntz，柏林
- www.geier-maass-architekten.de
- 五等奖
- 1996 年
- 城市再开发，军用地转化，居住新区
- **建设用地上城市建筑街区布局——序列 / 重复 / 韵律**
- 累加法；正交网格；城市建筑街区：行列式、点式；通过排除 / 留白和组合塑造场地

7.2.5　组群

在建筑的层面上，一个群体被理解为一种建筑构成，它受到外部环境的影响，而不是内在的吸引力。[10] 在群体中，与排序或单纯的重复相比，社区的概念是关键。举例来说，城市建筑街区包含的公共区域，可以同时成为一个入口庭院或花园庭院。

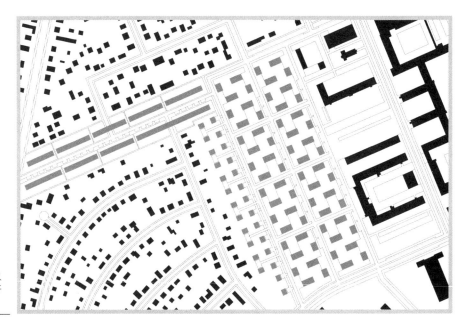

四个点式城市建筑街区以组群式布局环绕共享的开放空间

模型

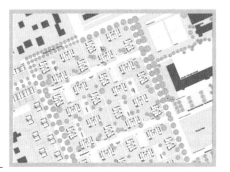

设计的细节得到实施

🎯 — 联邦雇员住宅，柏林 – 施泰格利茨区，德国

📝 — ENS Architekten，Norbert Müggenburg，柏林

🖥 — www.eckertnegwersuselbeek.de

🏅 — 一等奖

📅 — 1996 年

📂 — 城市再开发，军用地转化，居住新区

📑 — **建设用地上城市建筑街区布局——组群**

🔖 — 累加法；正交网格；城市建筑街区：线性布局、行列式、点式；通过组合塑造场地

10 Thorsten Bürklin and Michael Peterek，*Urban Building Blocks*（Basel/Boston/Berlin: Birkhäuser，2008），p. 59.

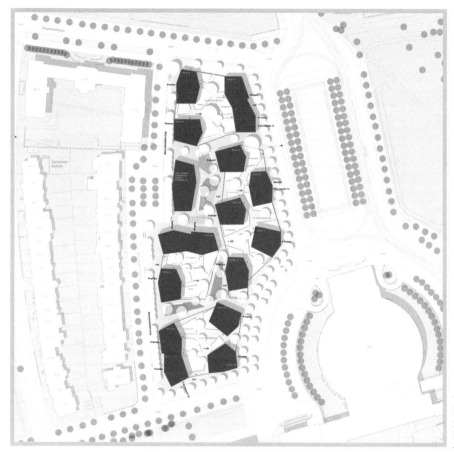

一群点状的城市建筑街区上，建造了许多不同大小的建筑。连续的基带增强了组群的一致性

透视图

🎯 — 马斯拉图尔街（Mars-la-Tour-Straße），汉诺威，德国

📝 — Marazzi + Paul Architekten，苏黎世；Koeber Landschaftsarchitektur，斯图加特

🖥 — www.marazzi-paul.com

⚙ — 一等奖

📅 — 2008 年

🗂 — 内城开发，原停车场改建居住区

📑 — **建设用地上城市建筑街区布局——组群**

🏷 — 累加法；非规则网格；城市建筑街区：溶解街区、点式；不定型的公共空间

第 8 章　道路系统

— 今日，人们对流动性的需求已经到了前所未有的地步，从来没有任何一个时代的人们如此热衷于私人交通方式，也从来没有任何一个时代的人们能够像今天这样便宜地购买到小汽车。在中世纪的城市，从一个城门走到另一个城门只需要 10 分钟，而今天，城市与城市之间的距离已经完全不能用脚步衡量，人们的出行方式也多种多样。由于物流的增多、通勤人口的增加，一系列问题涌现出来，涉及土地利用和能源保护的问题更是严重。如果你走在一个城市当中，嘈杂的噪声和被污染的空气会让你感到难受，而过去的城市建设遗留下来的不可降解的结构与材料也会让你心存焦虑。

交通流与路网密不可分，随着交通流量的增长，不同道路的功能也变得越来越专门化。在众多种类的道路中，有主要用来服务区域之间交通的道路（如高速公路、旱路以及城市主干路），也有在区域内部提供交通的道路（如次干路、生活性支路、交通缓冲区、自行车道和人行道）。

在城市设计中，对待交通的态度是至关重要的。现代主义的规划师们希望把城市划分成一个一个不同的功能区——办公区、居住区、娱乐区、交通设施区——为了把建成区的功能和交通尽可能分开，今日的规划师们常常让各个地块的功能高度地组合与独立，作为代价，城市公共空间面临着流失的可能。

道路系统的改变是牵一发而动全身的工作。总的来说，建筑相对容易大拆大建，地块可以联合或者被划分，但是道路空间则不那么灵活，因为道路之下还埋藏着市政基础管线。

总的来说，道路系统可以被分为完整的道路系统和不完整的道路系统两大类。

8.1 完整的道路系统

完整道路系统的显著特征是，每一个路网节点都与另一个路网节点相连，人们可以通过多种路径到达某个节点，并且在此过程中不需要走重复的路。完整的道路系统并不意味着已经"完成"，它们往往还留有扩展的余地。路网的密度常常由地块的面积和功能来决定，随着道路系统的大小达到了一定的阈值，自然而然就会有道路分级的出现，比如说地块主要道路、次要道路的分级。[1]

在城市设计的实际操作中，规则的正交道路系统屡试不爽。在这种道路系统中，只要路网密度选择得当，土地往往可以被公平、高效地分配，并且建筑自动拥有临街界面。此外，这种道路系统也给未来的拓展留下余地。世界上大部分经过规划的城市——从米利都到巴西利亚——都运用了这种高效率的路网划分方式。

然而，正交路网的城市常常被视作单调乏味的选择。因此，在城市设计中，适当地强调某些地块，或是打破某些部位的路网规律是比较好的办法：有些地块可以合并在一起，用于特殊用途；有些地块可以完全放空，变成城市花园；有些地块可以进行斜线的切割，从而减少地块两侧的交通距离。只要大体上遵循了正交系统的结构，某些细节处玩些"花样"是完全可行的。

其实，只要遵循了上述的规则，即使不规则的、非匀质的路网体系也可以成为完整的道路系统。完整道路系统可以因为地形条件而拉伸变形，也可以基于诸如三角形、六边形等非矩形形状进行布置。[2]

1 Here and below，see Gerhard Curdes，*Stadtstruktur und Stadtgestaltung*（Stuttgart/Berlin/Cologne: Kohlhammer，1997），p. 43 ff.
2 See also Additional Geometric Principles，p. 58 ff.

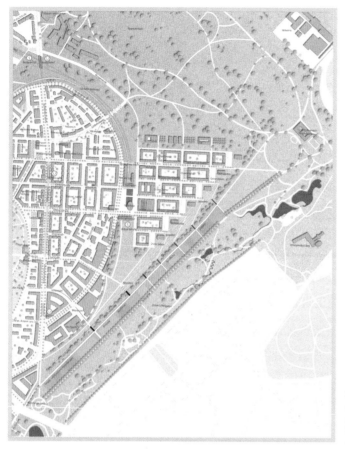

⊙ — **罗森斯坦（Rosenstein）地区**，斯图加特，德国

✎ — pp als 建筑与规划师事务所，赫尔德克／斯图加特，以及 Agence Ter 设计事务所，卡尔斯鲁厄／巴黎

▣ — www.pesch-partner.de

✪ — 一等奖

📅 — 2005 年

🗂 — 城市再开发，铁路用地转化，新区

▧ — **完整的道路系统**

◆ — 提炼，规则的正交网格；城市建筑街区：封闭街区、点式；发展场地布局：序列／韵律；通过组合塑造场地；完整的绿色空间

这处在公园内部的城市区域具有完整的道路系统，所有的道路交点都与另一个交点相连

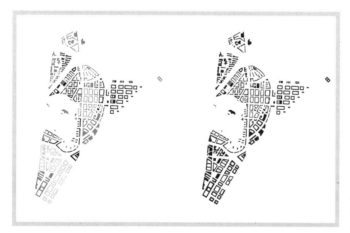

建筑机理（左图用颜色区分了不同肌理）

8.2 不完整的道路系统

　　不完整的道路系统一般是因为其暂时性的功能而存在。该系统是可以拓展的，但是往往拓展程度不是很高，常常是因为之前有了规划才会拓展。在不完整的道路系统里，人们容易迷失方向感，因为各个独立的区域之间缺少直接的联系。

　　如今，我们在村庄或者其他发展缓慢的区域里还能找到比较原始的不完整道路系统，因为山丘、峡谷、河口等地形因素，道路总是被"拦腰截断"。从战后城市规划的现代主义出现至今，大多数案例都通过路网的调整、合理尺度街区的选择来回避这种道路的不完整性。不完整的道路系统往往是因为某些特殊功能需求而形成的。

不完善的道路网络只延伸到
需要使用的服务范围

- 滨湖的托尔内施（Tornesch am
  See），托尔内施（Tornesch），德国
- Manuel Bäumler Architekt und
  Stadtplaner，德累斯顿
- www.schellenberg-baeumler.de
- 一等奖
- 2009 年
- 城市扩张，新居住区
- **不完整的道路系统**
- 累加法；城市建筑街区：线性布局、
  行列式、点式；发展场地布局：组
  群；曲折的街道空间、拓宽的街道空
  间；完整的绿色空间

路网图示

8.2.1 分支型道路系统和断头型道路系统

不完整的道路系统可以分为分支型和断头型两种，这两种道路系统都已经历史悠久。

分支型道路系统就像树枝一样，一级一级分岔。这种道路系统在村庄中非常常见，用于连接居所与遥远的农场。

在断头型道路系统中，断头路从上级路网中无规律地分支出来，这种道路系统在东方国家和伊斯兰国家比较常见。在人类历史上最早出现的城市之中，美索不达米亚的苏美尔文明的乌尔城（公元前 3000 年左右，占地 100 公顷）就采取了这种路网形式。[3]

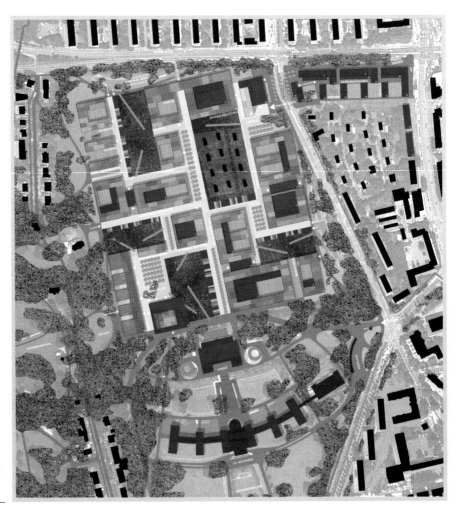

在断头型路网里，断头路从上级路网中分岔而来。有时不断重复分叉出来

---

3 See Leonardo Benevolo, *History of the City* trans. Geoffrey Culverwell（London: Scolar Press，1991），p. 23 f.

透视图

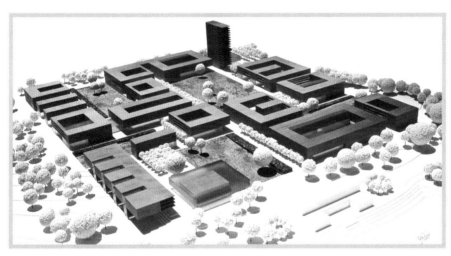

模型

- ⊙ — **歌德大学西校区**，法兰克福，德国
- ✎ — pmp Architekten，慕尼黑；Atelier Bernburg LandschaftsArchitekten GmbH，贝恩堡（Bernburg），德国
- ▭ — www.pmparchitekten.de
- ⊙ — 三等奖
- ▦ — 2003 年
- ▭ — 城市再开发，军用地转化，校园新区
- ◈ — **尽端式路网**
- ◈ — 提炼；累加法；不完整的正交网格；发展场地布局：轴线、基准、韵律；通过建筑界定绿色空间；表现方式：表现模型

8.2.2 尽端式道路系统

尽端式道路系统的现代版就是尽端巷道系统。这种道路系统由出入道路和巷道组成，巷道从出入道路分支而来，巷道一侧或者双侧有通向住宅的开口，巷道的形态也多种多样，属于断头路。在巷道的尽头路面常常拓宽，形成一个圆形回车场，四周安排有建筑。

⌖ — 汉堡建筑博物馆（Architektur Olympiade Hamburg），Hinsenfeld 家庭住宅（Family Housing），汉堡，德国

✎ — Wacker Zeiger Architekten，汉堡

🖥 — www.wackerzeiger.de

🏅 — 建筑铜奖

📅 — 2006 年

🗂 — 城市扩展，居住新区

◈ — 尽端式路网

🔖 — 累加法；城市建筑街区：线性布局、点式；发展场地布局：重复／韵律、组群；拓宽的、非定形的街道空间；区级／宅间绿色和开放空间

尽端巷道以一种单侧模式从通路中延伸出来，以尽端路结束

尽端巷道人视图

尽端巷道道路系统的一个变种是街道环路系统。类似地，这种道路系统通过内外交通性道路向各个地块分岔出支路。与尽端巷道道路系统不同，街道环路系统的支路不会在尽端断头，而是会在尽端延伸到一个环路系统，最终循环到交通性道路上。因此，这种道路系统能够给人比较强的方向感，并且清洁卡车等大型车辆在这种道路系统中可以省去在支路尽头掉头的麻烦。在街道环路系统里，车流是可以循环的，但是通过一定巧妙的设计手法，也可以避免循环交通对住户隐私的侵扰。

街道环路系统是尽端巷道系统的变种，在这种道路系统里，车辆无须在支路尽头掉头

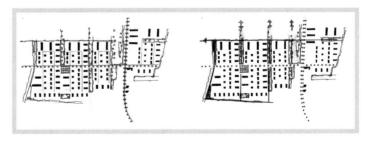

环路和开放空间图示

🎯 — Herrenweg – Meerlach – Schlack，基彭海姆（Kippenheim），德国

📝 — bäuerle lüttin architekten BDA，康斯坦茨；Pit Müller，布赖斯高地区弗赖堡，德国

🖥 — www.baeuerle-luettin.de

🏆 — 三等奖

📅 — 2001 年

🗂 — 城市扩展，居住新区

📚 — **环形街道网络**

🏷 — 累加法；正交网格；城市建筑街区：
行列式、点式；发展场地布局：轴线、
重复 / 韵律；完整的绿色空间

城市环路系统

街道环路系统所服务的范围比较小，而城市环路系统则可以给整个城市或者区域提供循环的交通。城市环路环绕、穿过城市的建筑机理，更低一级的完整道路系统或非完整道路系统从城市环路分支而出。城市的主要交通流量由环路来承载，通过一定的设计手法，紧邻环路的地块可以避免大部分环路的不利影响。

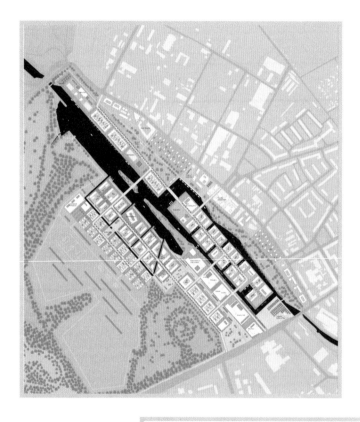

🎯 — 奥林匹克村（Olympic Village），莱比锡，德国

✏ — ASTOC Architects and Planners，科隆；KCAP Architects & Planners，鹿特丹 / 苏黎世 / 上海；bgmr Becker Giseke Mohren Richard，Landschaftsarchitekten，莱比锡

🖥 — www.astoc.de，www.kcap.eu

🏆 — 一等奖级别

📅 — 2004 年

🗂 — 城市再开发，港口区转化，新区

🔶 — 环形路网

🔖 — 累加法；正交网格；发展场地布局：等级化、基准；滨水生活；表现方式：图示

上图：因为主要交通由环路承载，所以远离环路的地块受到的影响较小
右图：交通循环；与水面的关系；公共交通

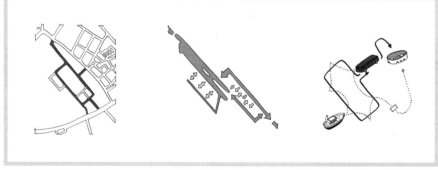

8.3 组合

　　在设计实践中，把多种道路系统结合在一起是比较常见的，通过这种方式，不同道路系统能够优势互补。尤其是在大规模的城市规划中，道路系统的分级是非常必要的，这样可以方便交通的引导。此外，并不是所有的街区都需要留下发展的空间，比如说，如果一块需要保护的绿地紧靠着一套完整道路系统，那么绿地与道路系统的交会面可以通过尽端巷道道路系统来到达，减少对地段内部的影响。

9

第 9 章 作为自由实践的中间空间

— 建筑之间的空间被定义为城市空间。如果说在城市设计中功能是具有必要性的，那么针对城市空间的尺度和设计就是一种自由式的安排。在这个学科中，没有什么能比通过建构元素的相互作用而出现的空间、立面、建筑物和中间空间更能塑造一个城市的形象。例如，当我们提到阿姆斯特丹，大家眼前就能浮现出一排排或大或小同样形象的屋舍和两岸绿树成荫的运河。然而，几乎没有人会提到城市内的大而温馨的内部庭院，就像沿着海伦运河（Herengracht）或基泽运河（Keizersgracht）发现的那些。虽然也是城市空间，但其实是私人城市空间，只有少数居民才能到达。

现实中有许多类型的城市空间，但我们在这里只讨论那些可以被公众个体体验且能使城市与众不同的那些。

公共空间是城市空间中为整个城市或社区所拥有的一部分，一般由市政府维护，且可以自由访问。公共空间主要包括广场、街道和公共通道、步行区、公园和绿地。

除了公共空间之外，还有次一级的公共空间，这个城市空间确实有公共性质，但是实际是私有的，可以进行访问限制。例如农庄、商场、火车站和机场航站楼，以及私人或商业建筑周围的较大的开放空间。

第三类包括不可访问和非公开的开放空间，例如花园和前院，这是城市的特点。

9.1　广场

英语中最常见对公共广场的称法为"广场"（plaza）或"场所"（place），这两个词与德语有着相同的词源，所有这些都源自古希腊语的"Platz"，意思是城市内宽阔的街道。[1] 但是广场不仅仅是宽阔的街道：它们一直是一个特定的城市社区的反映，它们表现出与经济、宗教或封建的权力一样重要的公民的骄傲。

早期的美索不达米亚和埃及的城市还没有公共广场。在现代意义上，这些城市是"扩大的寺庙"或者是带有公共设施的宫殿复合体。[2] "作为政治活动场所，广场受到统治者的担心，例如在希腊斯巴达，市场和会议场所都没有装饰，所以普通人不会想长久留在那里。"公元前6世纪希腊政治发展，出现一个由自由公民实行民主管理和统治的城邦，也就第一次需要公共建筑和中心性的聚会地点。罗马人延续了这一建筑类型，并使论坛成为政治、经济、文化、宗教生活的焦点。维特鲁威因此开始区分封闭市场和树木茂盛的寺庙遗址。许多中世纪的公共广场似乎已经开始演变，而不是延续任何一贯设计的形式。

从中世纪时代开始新建或重建的城市，就像波兰皇家城市克拉科夫，就正是根据具体计划进行布局的。

1　See，for example http://www.thefreedictionary.com/place（accessed on January 15，2013）.
2　Karl-Jürgen Krause，"Plätze: Begriff，Geschichte，Form，Größe und Profil"（Dortmund: Universität Dortmund，2004），p. 1

通常，建筑物地块网格中省略了公共广场。典型的公共广场是从各角落切向进入的。[3]

在巴洛克时期由绝对主义控制建立或重组的城市，轴对称逻辑占主导地位。广场本身和划分的建筑大体上是统一的，人们当经过时所看到的内容被称作"视图"，这些往往是统治者的宫殿，或放置在正中的雕像。

城市广场的一个特例是 18 世纪末期出现的英国广场。这些小型邻里广场被提供给周围公寓楼中的居民，而后来这些广场又被围栏围合，尽管它们已经被转为公共权属。根据斯图宾（Stübben）的分析，广场是"介于大众共有空间和私人花园之间的地方"。它们不仅提供了"健康、舒适和休闲"，也是城市的"最友好的装饰手段"。[4] 19 世纪的城市增长动态带来对广场的矛盾态度，既然人们都住在房子里，而非是广场上，因此出现了认为广场并不必要的观点。这一新态度也反映在纽约建设委员会于 1811 年对曼哈顿街道网络的规划中。在欧洲，1848 年革命后的广场也不被一些人所喜欢，他们反对广场承载的具有政治动机的集会和示威。这一观念直到 19 世纪晚期才发生变化，从巴黎、柏林到这一时期的其他大城市，新兴的中产阶级再次寻求实现创造宽敞的广场。

克拉科夫（Krakow），重建，1252 年，波兰

3 Ibid.，p. 8.
4 All quotations are from Josef Stübben，*Der Städtebau*（Stuttgart: A. Kröner，1907），p. 161.

在现代主义时代，由建筑物划分的古典的公众活动广场空间被视为过时的遗迹。这时，城市被认为是一个消费性的怪兽，现代人必须从中得以解放。在"为了所有人的光明、空气和太阳"的口号下，不仅城市中那些显而易见的消极空间应当被废除，而且整个空间结构也应该重构。没能被现代主义的主角在 1920 年所完成的工作，在经济奇迹时代，对面对着战时的破坏和重建任务的战后现代主义规划者造成了一些困难，"在空间和建筑上定义的公共广场已经不可设想，广场已经或多或少地隐蔽在大型建筑项目周围的流动开放空间，而无法被识别了。"[5]

然而，在 20 世纪 70 年代中期开始的城市地标保护制度化进程中，思想的转变已经开始，不仅在巴塞罗那或里昂这样大而闻名的都会，在很多城市，广场对人们的认同与城市有重大贡献，而通过改善公共空间的品质，整个城市可以作为统一的生活环境得以重新启动。这一观念在今天仍在形成持久的影响。

9.1.1　关于广场布局的建议

公共广场的布局和设计在城市设计的文献中占据了大量篇幅，特别是方形长度与宽度的比率和直径与相邻建筑物高度的比率已经被反复多次讨论。除了那些属于现代主义运动的例外，所有的作者几乎都一致认为一个广场一定是由建筑物完成限定的。公元前 50 年左右，维特鲁威定义了中央城市广场的规模取决于公民人数。广场的长宽比例应为 2：3，近似于黄金分段。阿尔伯蒂（约 1450 年）认为，一个广场的直径应该 5 倍于周围的建筑物的高度，而就广场的比例而言，他认同维特鲁威。在他 1890 年的文章《城市建筑的光学测量》（ *Optisches Maass für den Städte-Bau* 或 *Optical measure for city building* ）中，赫尔曼·梅尔滕斯（Hermann Maertens）建议街道和广场的横截面，高度与宽度的比例应为 1：3—1：6。[6] 卡米洛·西特（Camillo Sitte）在 1898 年的《城市建设艺术：根据艺术原则进行城市建设》（ *City Planning According to Artistic Principles* ）一书中批评了 19 世纪网格城市的单调性。根据艺术原理，涉及讨论平方的宽度与长度的平衡比，方形广场的外观不是特别好，在他的书中指出，如果比例超过 1：3，则这种过长或过宽的广场都被证明是不适宜的。[7]

5　Krause,"Plätze,"p. 16.
6　Ibid., p. 24.
7　George R. Collins and Christiane Crasemann Collins, *Camillo Sitte: The Birth of Modern City Planning*,（New York: Rizzoli, 2006）, p. 182. Originally published as *Der Städte-Bau nach seinen künstlerischen Grundsätzen*（Vienna: Gräser, 1889）.

从 20 世纪 70 年代中期起，罗伯·克里尔（Rob Krier）根据城市空间基本几何形式区分公共广场：正方形、矩形、三角形、椭圆形、梯形，或这些形式的组合。[8] 汉斯·阿明德（Hans Aminde）1994 年提出评估广场的空间影响，他提到了各种各样的可能性，比如封闭式、口袋式或半开放式的公共广场以及相互连接或分组成群的公共广场，以及出土要建筑物标示的广场。[9]

阿明德也根据广场的"公共性"来开展分类。他列出了中央市场广场、站前广场或场馆前广场，住宅、办公室或混合地区的广场，小型邻里广场以及纪念遗址和交通环岛。但同时他指出，公众广场的形式和大小没有关系："一座雕塑所在的广场可以为政府驻地，也可以是为住宅区的功能性中心服务的广场，一个半开放广场也可以为港口或一处市场服务。"[10]

9.1.2　广场设计

以下部分专门讨论如何在设计过程中创建广场的问题。一旦在设计中找到了广场的适当位置，设计师本质上有四种可用的方式，用以组合创建一个正方形：通过排除 / 留白、组合、塑形或限定。

排除 / 留白

创建广场最简单的方法是在设计之中排除一个或多个建筑物。无论使用哪种类型的城市建筑街块，这在场地上都行之有效。建筑物在边缘越封闭其空间影响将越大。在利用城市正交街道网格时，几乎能自动形成四边被界定的广场。在行列形式的安排和空间结构中，如一些庭院房屋，只要省略场地上几块土地就足以创建一个小型的游乐场或邻里广场，其开放或封闭取决于城市建筑街区的使用。

8　Rob Krier, *Urban Space* (New York: Rizzoli, 1979), p. 28 ff. Originally published as *Stadtraum in Theorie und Praxis an Beispielen der Innenstadt Stuttgarts* (Stuttgart: Krämer, 1975) .
9　Hans-Joachim Aminde: "Auf die Plätze . . . Zur Gestalt und zur Funktion städtischer Plätze heute," in *Plätze in der Stadt*, ed. Hans-Joachim Aminde (Ostfildern: Hatje Cantz, 1994), p. 44 ff.
10　Hans-Joachim Aminde: "Plätze in der Stadt heute," in *Lehrbausteine Städtebau*, 2nd ed., ed. Johann Jessen (Stuttgart: Städtebau-Institut, 2003), p. 140.

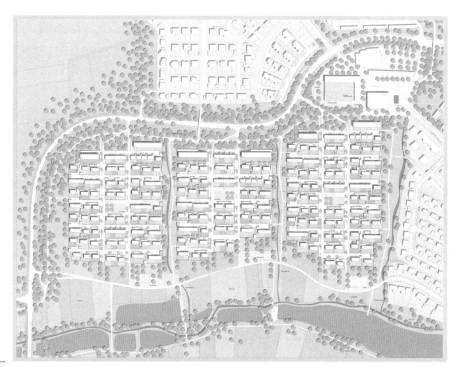

在行列式的结构中，一座建筑的留白足以让一处社区广场诞生

透视图

🎯 — 居住区和景观公园，埃朗根，德国

📝 — Bathke Geisel Architekten BDA，慕尼黑；fischer heumann landschaftsarchitekten，慕尼黑

🖥 — www.bathke-geisel.de

🏆 — 二等奖

📅 — 2009 年

🗂 — 城市扩展，居住新区

🔶 — 通过排除 / 留白塑造场地

🏷 — 累加法；正交网格；发展场地布局：序列 / 重复 / 韵律；结合的通道网络；完整的绿色空间

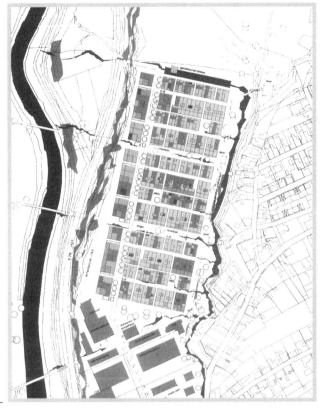

在一个密集的空间结构中，省略了建造结构来创造小的邻里广场可以方便人们认知方向

- 移动区域广场（Mobile Regional Airport，MOB），格雷文（Greven），德国
- Fuchs und Rudolph Architekten Stadtplaner，慕尼黑
- www.fuchsundrudolph.de
- 二等奖
- 1999 年
- 城市再开发，军用地转化，居住新区
- 通过排除 / 留白塑造场地
- 几何准则；累加法；正交网格；城市建筑街区：空间结构；发展场地布局：轴线、基准、重复 / 韵律

细部

组合

通过组合塑造场所可能是空间构形的最优雅方法。通过组合建设用地得以创建广场，它们接合在一起或相对于彼此产生移位，由此而来的中间地带就产生了开放空间。要产生更大的空间影响，建设用地应当以更封闭方式建造。在一个网格模式下通过向后推哪怕一个建筑块，形成类似一个口袋状的加宽空间，通常被称为"马甲口袋公园"或简称为"口袋公园"。地块深处的地块据此也将进行相应的调整。

其中公共广场通过组合形成的最常见和最美丽的形状是所谓的"涡轮广场"，其中建筑像围绕广场的风车一样偏移。在这种情况下，街道并不能像通过排除法形成广场，而得到的街道那样的直线延展，但也从另一个角度在空间上形成了对广场的代替，从而显著地加强空间体验。根据不同的建设用地组合方式以及它们在尺寸和形状上（多样、垂直或多边形）的变化，以此形成广场。

通过组合塑造场地，很多建筑都是连接在一起的，或者是相对于彼此进行移动的，这样使得在中间形成了一个开放空间

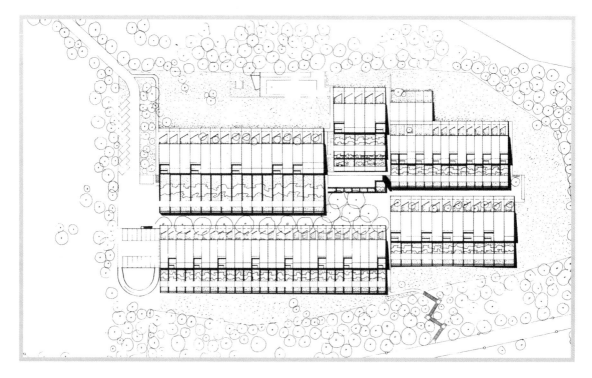

- Siedlung Halen，伯尔尼，瑞士
- Atelier 5，伯尔尼
- www.atelier5.ch
- 1956—1961 年
- 城市扩展，居住新区
- **通过组合塑造场地**
- 几何准则；累加法；城市建筑街区：线性布局；发展场地布局：组群

邻里广场轴测图

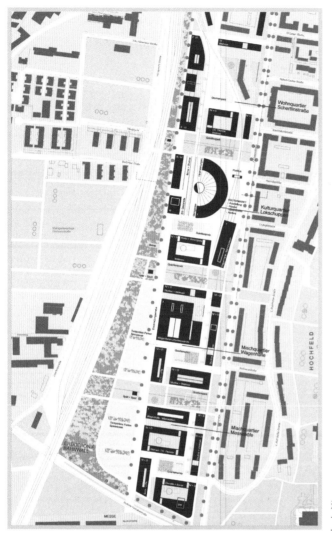

☉ — **Areal Firnhaberstraße**，奥格斯堡
（Augsburg），德国

✎ — Trojan Trojan + Partner Architekten+
Städtebauer，达姆施塔特；Heinz W.
Hallmann 教授，于兴（Jüchen），德国

🖥 — www.trojan-architekten.de

🏆 — 一等奖

📅 — 2002 年

🗁 — 城市再开发，铁道用地转化，城市新区

◈ — **通过组合塑造场地**

✎ — 累加法；正交网格；发展场地布局：轴线、
序列 / 韵律；通过建筑界定绿色空间

通过组合的方式塑造广场是
一系列发展场地的共性特征

模型

⊙ — Bockenheim 再开发方案，歌德大学，法兰
克福，德国

✎ — K9 Architekten with Andreas Krause，布赖
斯高地区弗赖堡，德国

🖥 — www.k9architekten.de

⊙ — 一等奖

📅 — 2003 年

🗂 — 城市再开发，居住新区

📑 — **通过组合塑造场地**

🔖 — 累加法；城市建筑街区：街块、内城街区、
高层；发展场地布局：轴线、基准、序列 /
韵律；表现方式：表现模型

现存建筑也可以被整合进一
个集中的公共广场，如同在
南北两端发展场地中的那样

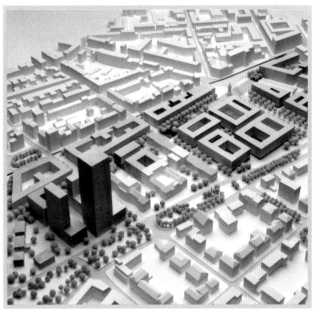

模型

第9章　作为自由实践的中间空间

主广场是一个集合的公共广场，较小的广场是由模块组合而成的

模型

- Am Terrassenufer–Pirnaische Vorstadt 城市再开发理念，德累斯顿，德国
- Rohdecan Architekten GmbH，德累斯顿；UKL Landschaftsarchitekten，德累斯顿
- www.rohdecan.de
- 一等奖
- 2001 年
- 城市更新，新区中心和住房
- **通过组合塑造场地**
- 累加法；城市建筑街区：街块、内城街区、线性布局、混合式；完整的道路系统；弯曲的 / 曲折的街道空间

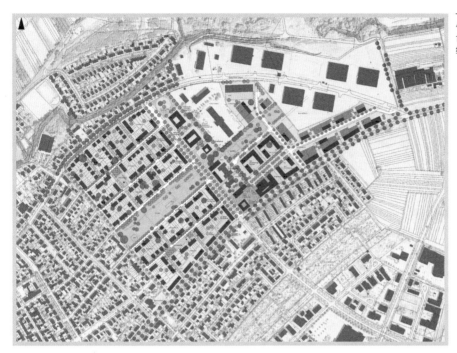

小的社区开放空间是按照组合原则设计的说明性方案中组合的开放空间的细部

带有组合开放空间的说明性场地平面细部

 — Barracks Site Conversion，卡尔斯鲁厄－克林根，德国

— Architektur und Stadtplanung Rosenstiel，布赖斯高地区弗赖堡；faktorgrün Landschaftsarchitekten，登茨林根（Denzlingen），德国

— www.architekt-rosenstiel.de

— 一等奖

— 2008 年

— 城市再开发，军用地转化，居住新区和工业园区

— 通过组合塑造场地

— 累加法；非规则正交网格；城市建筑街区：开放街区、线性布局、点式、独立建筑；区级绿色和开放空间

塑形

通过塑形，广场的形成将通过调整周围建筑形状的方式以适应所选择的公共广场的形式，这个过程可以被描述为从均质的城市肌理中挤压出的形状。

塑形而成的广场经常具有复杂的或具有挑战性的几何形状，如圆形、椭圆形、八边形。但是也可以是矩形的，在建设场地中进行矩形划分并非是因为受到位置的限制。例如当矩形从建筑地块上切割出来时，塑形而得的广场能产生一种紧凑的空间体验，从强烈的亲切感和舒适过渡到令人生畏的纪念性。设计时，仍然还有一点需要考虑：广场规模越小，建设用地营建时组合的几何约束就越大。这可以很容易理解，想象一个简洁的圆形广场，半径越小，就要用更大曲率的壁墙去限定广场，建筑因之而难以处理。

通过塑形，公共广场通过塑造和调整建筑物形状来匹配所选择的形态

- St. Leonhards Garten，不伦瑞克，德国
- KLAUS THEO BRENNER STADTARCHITEKTUR，柏林
- www.klaustheobrenncr.de
- 二等奖
- 2007 年
- 城市再开发，商业用地转化，居住新区
- **通过塑形塑造场地**
- 城市建筑街区：封闭的、溶解街区、线性布局、点式；发展场地布局：基准

轴测图

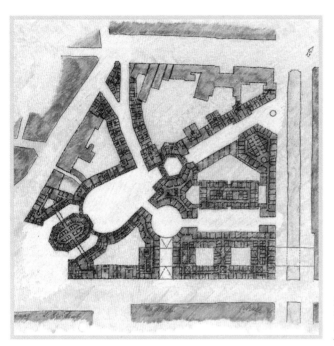

- De Resident，海牙，荷兰
- Rob Krier + Christoph Kohl，柏林
- www.archkk.com
- 1990 年
- 城市更新，内城城市街区
- **通过塑形塑造场地**
- 图底，提炼，累加法（空间）；城市建筑街区：封闭街区、内城街区、庭院、高层塔楼；发展场地布局：轴线、对称

通过塑形创建的方形也可以被描述为从一个均匀的城市肌理中形成的反差形状

透视图

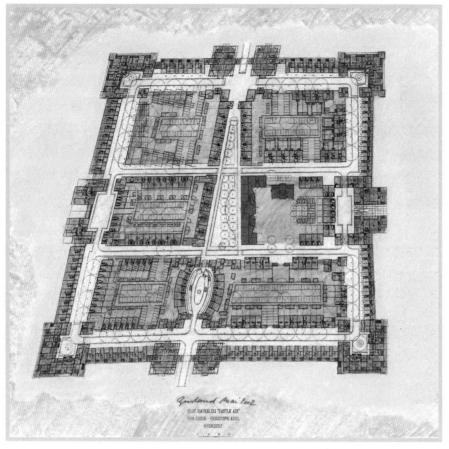

塑形的广场赋予强烈的空间
感受

主要入口广场处的人视图

⚙️ — **Slot Haverleij，Haverleij**，斯海尔托
亨博斯（'s Hertogenbosch），荷兰

✏️ — Rob Krier + Christoph Kohl，柏林

🖥️ — www.archkk.com

📅 — 1999 年

📁 — 城市扩展，居住新区局部

📑 — **通过塑形塑造场地**

🔖 — 整体性；图底；提炼；累加法；城市
建筑街区：开放街区、线性布局、点
式；发展场地布局：轴线、对称；表
现方式：透视图

第9章　作为自由实践的中间空间

限定

一个通过被限定而形成的广场，周围的建筑物起次要作用。广场是由地砖的铺砌、高度的变化，或广场上沿其一边的建筑前院和室外空间所限定的。

战后现代主义时代，有很多令人印象深刻的带有独立建筑的广场。例如在巴西利亚的联邦最高法院的广场（总体规划由卢西奥·科斯塔于 1955 年完成），和位于昌迪加尔的一处广场（勒·柯布西耶 1951 年总体规划），它们都布局宽旷、开放。广场表面布满均匀的铺地并由绿地延展向两侧，建立了一种宽敞的视图以表现那几乎雕塑般的建筑。密斯·凡·德·罗在柏林的新国家美术馆也展现出体现多元的示范意义：全玻璃的、钢门厅的美术馆矗立于一处带有底座的独立广场。

没有或者只是稍有附属建筑的较小的广场，主要出现在公园景观或大型住宅地区的户外空间。

广场并非由建筑来界定，而是被建筑界面划定

小的邻里被绿色空间所改变

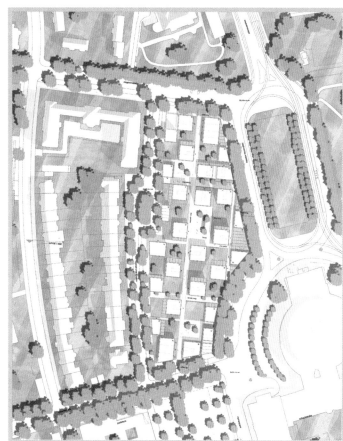

 — Mars-la-Tour-Straße，汉诺威，德国

— pfp architekten，汉堡

— www.pfp-architekten.de

— 荣誉提名

— 2008 年

— 内城开发，原停车场改建居住区

— 通过限定塑造场地

— 分区法；正交网格；建设用地上的城市建筑街区布局：重复 / 韵律

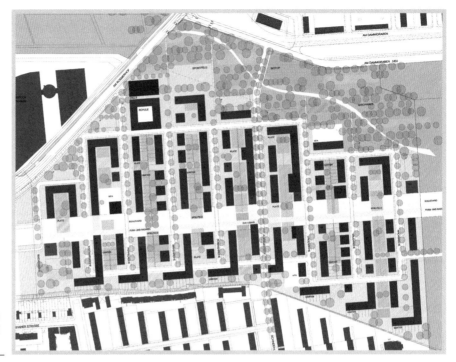

在整个设计中在散布的方格空间上与其他的开放空间通道上的铺装不同

模型细部

🎯 — 欧洲广场附近居住区（Residential district in the European Quarter），法兰克福，德国

📝 — Spengler · Wiescholek Architekten Stadtplaner，汉堡

🖥 — www.spengler-wiescholek.de

🏆 — 优胜奖

📅 — 2002 年

🗂 — 城市再开发，铁道用地转化，城市新区

🔷 — **通过限定塑造场地**

🏷 — 累加法；发展场地布局：轴线、序列 / 重复 / 韵律；环形路网；表现方式：说明性场地方案

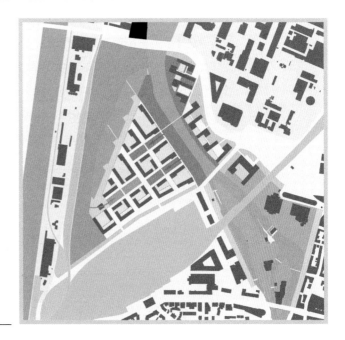

- Neckarvorstadt **总体规划**，海尔布隆（Heilbronn），德国

- MORPHO-LOGIC Architektur und Stadtplanung，慕尼黑；Lex Kerfers Landschaftsarchitekten，博克霍恩（Bockhorn）

- www.morpho-logic.de

- 三等奖

- 2009 年

- 城市再开发，铁道 / 商业用地转化，滨水新区

- **通过限定塑造场地**

- 累加法；城市建筑街区：开放街区、行列式；发展场地布局：重复 / 韵律；通过组合塑造场地；社区绿色和开放空间；滨水生活

沿着原港口盆地的长廊，辅以小广场，延伸到水面作为活动平台

开放空间概念

第9章 作为自由实践的中间空间

9.2 街道空间

根据斯皮罗·科斯托夫（Spiro Kostof）的理论[11]，城市街道既是城市空间也可以被看作城市运营的一部分。他在后面解释，街道除了需要有审美方面的考虑，另一方面城市街区应当带动城市活力，具有经济和社会功能。在中国的传统城市中，没有街道和周围建筑的互动，这一点，在古希腊的城市中也是缺失的。欧洲城市街道的原型，实际上是随着岛屿的发展而形成的。古罗马的多层公寓楼，店铺位于一层，一层以上是面向街道的住宅。即使在中世纪的城市，人们都住在上面的楼层，地面层是工作和商业的地方，当然他们的社会地位通过私人的外墙在公共领域得以展现。在巴洛克时期，在统治力量下，建筑物和街道空间开始统一。这种情况随着奥斯曼男爵的巴黎林荫大道建设后逐渐严重。对美丽的花园隐藏在装饰精良的外墙后面的回应，1933 年的《雅典宪章》提出"房子将永远不会随着人行道融入街道"，当时有人呼吁解放建筑物[12]，将交通流量与用途分开。最后发生了一项对今天依然有显著影响的改变，即国内外无数惨淡的大型居住区随着 20 世纪 70 年代关于城市空间的反思，也引起了对于交通规划的反思。交通之前主要为汽车交通服务，现在的街道空间包括了两边的界面和街道空间的比例。[13]

9.2.1 关于街道布局的建议

在城市设计的文献中，有很多关于街道布局的论述。雷蒙德·昂温（Raymond Uwin）是按霍华德《明日的田园城市》理念建造第一座花园城市莱奇沃思（Letchworth）的规划师，尽管他痴迷于古典城市，但还是为街道贡献了独特的美学观点。[14] 在他看来，在建设现代城市时，不应该有限制，但是他也看到了街道单一性的危害，他建议在一排排的建筑中增加退后的建筑，增加前院。

11 Spiro Kostof, *The City Assembled: The Elements of Urban Form Through History* (New York: Little, Brown, 1999; orig. 1992), p. 189.
12 Le Corbusier, *The Athens Charter*, trans. Anthony Eardley (New York: Grossman, 1973), p. 57.
13 Hartmut H. Topp: "Städtische und regionale Mobilität im postfossilen Zeitalter," in *Zukunftsfähige Stadtentwicklung für Stuttgart: Vorträge und Diskussionen* (Stuttgart: Architektenkammer Baden-Württemberg, 2011), p. 42.
14 Raymond Unwin, *Town Planning in Practice: An Introduction to the Art of Designing Cities and Suburbs* (London: T. Fisher Unwin, 1909), p. 259.

另一方面，卡米洛·西特（Camillo Sitte）批评了他所处时代格局化的城市设计，并且否认其艺术品质。他建议不规则的、弯曲的街道，打破街道的对齐，这样人们更容易自我定位。[15]

与之对立的是，从勒·柯布西耶开始，我们认为弯曲的街道是驴道，直路才是人的道路。在凯文·林奇的《城市意象》一书中，他以实证研究为基础，写道：除了空间外，街道的独特性和连续性对于街道也很重要，包括街道的立面。根据凯文·林奇所述，街道方向性也是一个重要的特质，具有方向性的街道，按照不同方向走，这条街道是不同的。这是通过梯度、坡度、明确的起止点和不同方向上不同的设计来实现的。[16]

尽管如今多种多样的观察、建议和意识形态对街道的认识产生影响，但可以用罗伯·克里尔（Rob Krier）的话来总结，街道的影响是没有边界的。[17]

莱奇沃思（细部），贝里·帕克（Barry Parker）/ 雷蒙德·昂温，1903 年，英国

腓特烈·皮泽（Friedrich Pützer）在西特的"艺术原则"下，对达姆施塔特的别墅郊区（左）提出了反对意见；达姆施塔特市政府早期的规划布局（右），约 1990 年，德国

15 Collins, *Camillo Sitte*, p. 327.
16 Kevin Lynch, *The Image of the City* (Cambridge, MA: MIT Press, 1960), p. 54 ff.
17 Krier, *Urban Space*, p. 30.

9.2.2 街道空间的分类

一个城市内的街道和路径根据其功能，所经过的交通量分为不同的组织层次。分为以下几种：主干道和次干道、二级通道、住宅内的街道、交通舒缓地区。最后，是步行区、自行车道及不连续的小路。

9.2.3 设计街道空间

城市街道不仅可以根据其功能进行分类，还可以根据其空间特征分类，也就是根据路线形态和建设情况分类。街道的路线可以是直的、曲折的、弯曲的、中断的或加宽的，以形成一个小广场。街道空间可以是严谨的、休闲的，或者不分界限。在街道内，不同功能的组合是可能的。

对于所有的街道来说，一般情况下，如果空间明确划定，空间感会更加明确。在笔直的路上，长度很重要：一条短直的街道比一个长长的街道更有可能被认为是一个空间。

由于地形原因。一个特殊的案例包括具有全景视图的风景线路，比如苏格兰爱丁堡的王子街（Princes Street）：这些线路放弃了两侧的开发，而选择了风景优美的路线。

线性街道空间

线性街道连接着最短路线上的两个点。建筑沿着街道平行排布，或松或紧地排布在连续的界面上。线性街道如果没有在空间上划分开始或结束，将会没有方向性，并且它往往因为距离长而变得单调。

通过适当的周边开发，可以形成明显的开始和结束，得到合理的用途、足够的宽度和合适的绿色环境，就像柏林的菩提树大街和法国的香榭丽舍大街的直通通道那样。

线性的主要通道两端固定，
中间部分轻微偏移

图底方案和概念图示

🎯 — **Knollstraße 居住区开发**，奥斯纳布吕克
（Osnabrück），德国

📝 — STADTRAUM Architektengruppe，杜塞
尔多夫；Stefan Villena y Scheffler，朗
根哈根（Langenhagen）

🖥 — www.stadtraum-architekten.de

🏅 — 二等奖

📅 — 2006 年

🗂 — 定居点扩展，城市新区

📑 — **线性街道空间**

🏷 — 几何原则，生物 / 有机形态准则；发展
场地布局：轴线、基准、序列 / 重复 / 韵
律；尽端式路网、环状路网；扩大的街
道空间

弯曲的街道空间

相比直的道路，弯曲的道路可以让行人直接看到街道界面。不论是从街道的哪个方向进入，都可以看到不一样的街道立面，但这种变化只在转弯处最为明显。更加曲折的道路会有很明显的对于空间的影响，因为人们目光所及基本上都是建筑，不能直接看到远距离中的道路空间。

与直街相比，弯曲的街道有一个优势，那就是观众的目光总是投向建筑正面

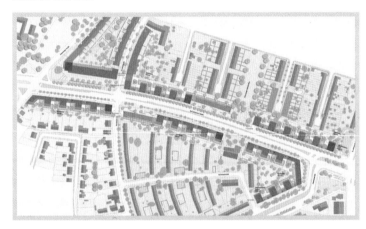

街道空间视图

- Bad-Schachener-Straße 住房开发，慕尼黑，德国
- florian krieger – architektur und städtebau，达姆施塔特；S. Thron,
- Ulm，and Irene Burkhardt Landschaftsarchitekten，Stadtplaner，慕尼黑
- www.florian-krieger.de
- 一等奖
- 2009 年
- 城市再开发，内城开发，住房
- 弯曲的街道空间
  城市建筑街区：溶解街区、线性布局；表现方式：透视图

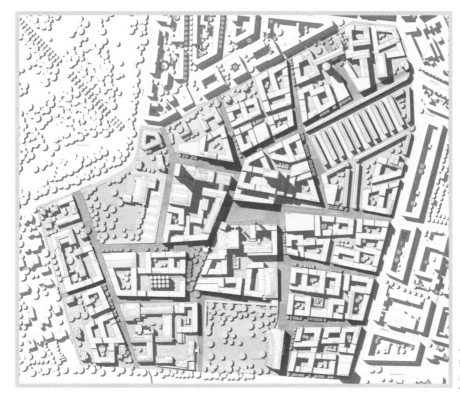

像弯曲的街道，具有很大的
空间影响，因为人的视线总
是被建筑物所吸引

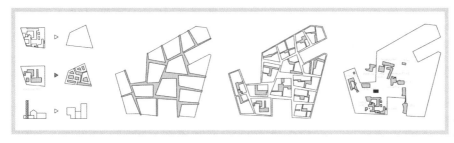

设计图示

- 卡尔斯伯格（Carlsberg）发展方案，哥本哈根，丹麦
- Wessendorf Architektur Städtebau，柏林；Atelier Loidl and Architect Barbara Engel，柏林
- www.studio-wessendorf.de，www.atelier-loidl.de
- 二等奖
- 2007 年
- 商业用地转化、新区
- **曲折的街道空间**
- 累加法；发展场地布局：组群；通过组合和塑形塑造场地；拓宽的街道空间

间断的街道空间

狭长的街道空间，无论是直的还是弯的，都会比较单调。但是，街道可以被建筑和空间来组织，也可以按照某一个主题重复。稍微偏离主空间的设计都是有帮助的。空间的进退可以创造出大大小小的开放空间，创造新的视觉连接。交叉路口的高点，凹陷的建筑物，像口袋状拓宽的街道空间和横向的绿色廊道都可以打破僵硬的建筑立面。

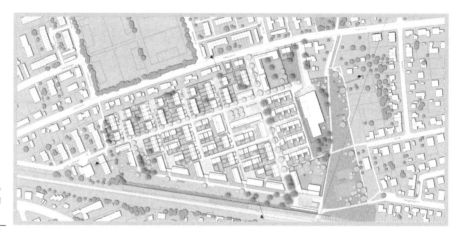

为了避免单调，可以通过小广场和绿色廊道打破狭长的街道空间

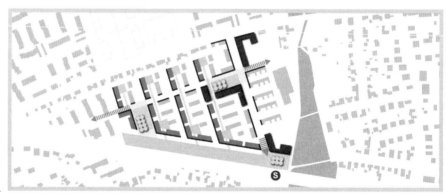

开放空间图示

- ⏀ － Aubing-Ost，慕尼黑，德国
- ✎ － pp a|s pesch partner architekten stadtplaner，黑尔德克（Herdecke）/ 斯图加特；WGF Landschaftsarchitekten，纽伦堡
- 🖳 － www.pesch-partner.de
- 🏆 － 一等奖
- 📅 － 2009 年
- 🗂 － 城市再开发，铁道用地转化，居住新区
- ◈ － 间断的街道空间
- ◈ － 累加法；城市建筑街区：线性布局、行列式、点式；发展场地布局：轴线；通过组合塑造场地；表现方式：图示

拓宽的街道空间

早期的街道空间拓宽形式可以在乡村中找到，如所谓的 Straßenanger 街，它有点类似于今天的城镇公共用地或乡村绿地。这条大道在这里变宽，变成了一个长方形的广场，教堂通常就坐落在那里。

中世纪的城镇也是类似的状况。如在布赖斯高地区弗赖堡，沿着旧贸易路径旁的拓宽街道被用作市场。在今天的许多城市里，德国街道上的牛市或者鱼市仍然让人想起这些功能。相似的市场街道也出现在策林根（Zähringen）家族建立的城市中：伯尔尼、罗特韦尔（Rottweil）、菲林根（Villingen）以及奥格斯堡（Augsburg）、纽伦堡等帝国的城市中。

在当代城市设计中，扩大街道空间依然是一种有效塑造空间的手段，特别是为了打造一个地区或者多地区的中心空间，因为相较于创造新的空间，可供改造的街道本身已经存在。更多的建筑用地可以受益于一个细长的、普通的加宽街道空间，而不是一个紧凑的中心广场。

典型的扩大街道空间
（strassenangerdorf），约
1250 年创建

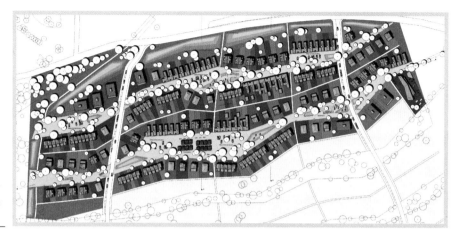

更多的建筑可以从普通的拓宽街道空间中受益，而不是集中在紧凑的广场上

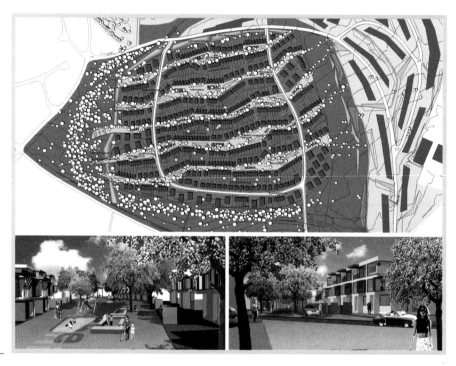

说明性场地平面和街道空间透视图

- Herzo Base 居住区，黑措根奥拉赫（Herzogenaurach），德国
- studio eu，柏林；Stefan Tischer，柏林
- www.studioeu.net
- 四等奖
- 2002 年
- 城市再开发，军用地转化，居住新区
- **拓宽的街道空间**
- 累加法；拉伸的网格；环形路网

- 英式花园上的高级居住区（Senior Living on the English Garden），莱希河畔兰茨贝格（Landsberg am Lech），德国

- Nickel & Partner，慕尼黑；mahl-gebhard-konzepte，慕尼黑

- www.nickl-partner.com

- 二等奖

- 2005 年

- 城市扩展，居住新区

- **拓宽的街道空间**

- 城市建筑街区：行列式、点式；发展场地布局：基准；弯曲的街道空间；社区级绿色和开放空间

拓宽的街道对于周边的公寓来说更像是街区内的公共空间

模型

227

9.2.4 非定形的街道空间

在一个非定形的街道空间中，由街道和建筑物形成的空间没有清晰而明确的形态，而是呈现出不规则或分散的状态。建筑之间的密切关系相比单独疏离的建筑在空间上作用更明显。另一方面，建筑沿着笔直的街道统一对齐时，缺乏这种空间体验。合理长度的非正式街道空间让人感受到有趣的空间，但是长时间下来，观察方向的不断变化可能会令人感觉疲惫，并且对于街道的方向感来说是不利的。

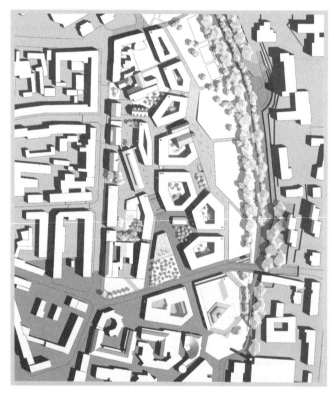

在非定形的街道空间中，建筑物的关系紧密

⌖ — 卡塞尔（Kassel）大学，北校区，德国

✎ — raumzeit Gesellschaft von Architekten mbH，卡塞尔；K1 Land-schaftsarchitekten，柏林

▭ — www.raumzeit.org

⚙ — 一等奖

▦ — 2008 年

🗂 — 城市再开发，商业用地转化，校园新区

◈ — 非定形的街道空间

✎ — 累加法；非规则网格；通过组合塑造场地；通过建筑界定绿色空间；表现方式：说明性场地方案

街道空间透视图

9.3　绿色空间和开放空间

当看到 17 世纪城市的影像时，我们会发现城市和自然的对比是显著的。在城市内部，只有孤立的树木，或者那些挤在建筑物之间的小花园，没有更大的绿色空间。但是在城市以外，不仅有森林和开敞的自然景观，还有一望无际的田野、草地和花园。尽管这时城市和自然有很多不同，作为对立面存在，但是它们也相互依存，就像中国的"阴阳哲学"。城市一直依存于大自然和它的产物，自然也是，至少那些来自城市中的人文景观依赖着城市。

欧洲城市外的自然景观不仅仅是生活的基础，也是一个放松之处。在和平时期，只要出了城门几分钟，就可以到达那里。靠近城市的草地更是城市居民的后花园，城外的人们则在自己的土地上安上栅栏。1592 年，在伦敦，这一普遍行为被议会立法禁止，公共绿地上的栅栏被强制拆除，以确保军事演习得以进行，同时保证人民（女王的臣民）可以舒适地休憩，并进行锻炼，以提高健康水平。[18]

由此看来，人们永远需要在大自然中去放松休息，在古罗马时期，有很多公众可以进入的花园。17 世纪，许多属于英国王室的公园都是开放的。而柏林的皇家狩猎场——蒂尔加藤（Tiergarten），对所有想要步行者都是开放的。

在巴洛克式规划的城市中，城市和自然之间的关系又是一番新的景象：从凡尔赛宫以及卡尔斯鲁厄的地图可以清楚地看见权力凌驾在人民和自然之上，轴线从宫殿延伸出来通过住宅和行政中心进入自然环境。另外，巴洛克式的城市提出了一种新的城市形态：周边区块，即一种周边建筑只有几层楼高，有一个很大的开放庭院的模块。1648 年，30 年的战争之后，德国的城市人为了引导人们居住在自己的理想城市中，他们采用了减税和提供免费的建筑材料的办法。

---

18 Kostof, *The City Assembled*, p. 167.

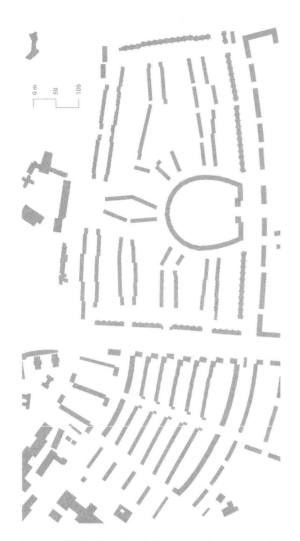

柏林的马蹄形社区（Hufeisensiedlung），布鲁诺·陶特／马丁·瓦格纳（Martin Wagner），1925 年，德国

工业时代，农业中新的施肥方法，以及人口迅速增长造成了 19 世纪末的城市扩张。在很短的时间，城市开始高密度的开发，卫生环境令人难以忍受。政府试图通过建立公园、公共花园、动物园和体育基础设施来解决这一问题。卡米洛·西特在他的《城市规划的艺术准则》（City Planning According to Artistic Principles）一书的"城市绿色"附录里区分了"卫生绿地"和"装饰性绿地"。[19] 霍华德在他的《明日的田园城市》中更进一步，提出在大城市周边建立人数不超过 32000 人的一系列小城市。[20] 城市应该保护公共利益抵制投机行为。通过"在阳光下工作和生活"的口号下[21]，一种田园和工作空间并存的郊区生活得以传播。田园城市运动吸引了国际上的关注，尽管依照这样理念建立的城市很少。第一次世界大战之后，社会住宅成为城市发展的首要问题。这一时期的知名案例是在维也纳住房计划下建立的 Wohnhöfe，它拥有大面积的公共绿地，以及拥有充足绿色空间的卡尔斯鲁厄的达默斯托克住宅（Dammerstock Siedlung），还有柏林的布鲁诺·陶特（Bruno Taut）的住宅开发。

19 Collins，*Camillo Sitte*，p. 303 f.
20 The title of the book published in 1898 was *To-Morrow: A Peaceful Path to Real Reform*. It was not until the second edition of 1902 that the book bore the well-known title *Garden Cities of To-morrow*.
21 Slogan for the poster advertising Welwyn Garden City, the second garden city initiated by Howard, in Virgilio Vercelloni: *Europäische Stadtutopien: Ein historischer Atlas* (Munich: Diederichs，1994), p. 149.

第二次世界大战之后的城市重建深受 1933 年的《雅典宪章》及其关于城市分离成居住、工作、娱乐和交通等不同功能的思想影响。绿色空间更多地通过它们的功能而不是它们的可用性被定义为绿廊或者绿肺。传统的城市空间应由景观和城市的混合体代替成为城市景观。结果是导致出现大量的无法被定义的种植缓冲区和中间过渡地带。1973 年的能源危机之后，不仅导致了对城市空间的重新定义，更导致了绿色空间向社会和生态方面意义上的转变。现代主义者想象的绿色城市化并没有成为一种现实；也许，"双重城市化的愿景"，及自然绿化与建成的城市相互交织将更有可能成为现实。[22]

9.3.1 绿色空间和开放空间分类

城市的绿色空间和开放空间通常根据地点、功能和用户范围不同分为：全市、区级、社区 / 邻里和毗邻绿色开放空间。

市级绿色空间和开放空间

市级绿色开放空间是连接住宅区与较大的供全市居民休闲娱乐的主要公园，与全市的绿色开放系统相关的绿色走廊除了娱乐用途，这些开放绿色空间可以改善城市气候，通过生态网络保护城市内的生物多样性。

---

22 Dittmar Machule and Jens Usadel, "Grün-Natur und Stadt-Struktur: Chancen für eine doppelte Urbanität," in *Grün-Natur und Stadt-Struktur: Entwicklungsstrategien bei der Planung und Gestaltung von städtischen Freiräumen* (Frankfurt am Main: Societäts，2011), p. 14.

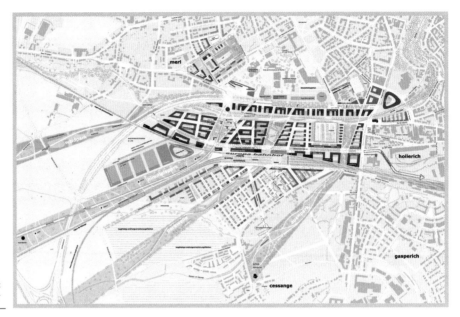

延伸到该区域的绿色走廊是
整个城市绿地体系的一部分

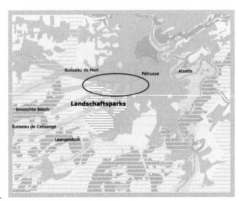

市级绿色空间概念

 — **Porte de Hollerich 总体规划**，卢森
堡市，卢森堡

— Teisen – Giesler Architectes with
Nicklas Architectes，卢森堡；BS+
Städtebau und Architektur，法兰克
福；Landschaftsplaner stadtland，
维也纳

— www.teisen-giesler.lu

— 一等奖

— 2004 年

— 城市再开发 / 城市扩展，工业 / 商
业用地转化，新区

— **市级绿色和开放空间**

— 累加法；发展场地布局：基准、序
列 / 重复 / 韵律；通过建筑界定绿
色空间

区域级绿地开放空间

在区域级绿地开放空间中，居民在步行可达的距离里有操场、娱乐和康体设施。这个空间可以在地区的周边或者中间。一般沿轴线分布，可以是独立的或者是城市绿地的一部分。

- **** — neue bahn stadt:opladen，莱沃库森（Leverkusen），德国
- — ASTOC Architects and Planners，科隆；Studio U，柏林
- — www.astoc.de
- — 三等奖
- — 2006 年
- — 城市再开发，铁路用地转化，新区
- — **区级绿色和开放空间**
- — 累加法；发展场地布局：基准；环形路网

绿地主要属于这一区域，但是也和其他区域相关

透视图

社区绿地和开放空间

社区绿地和开放空间是小型的公共广场，操场和公园直接为周边居民和在周边工作的人们使用。这种绿地一般有树荫、椅子和游乐设施。在有限的表面上一般铺设坚固耐用的材料。

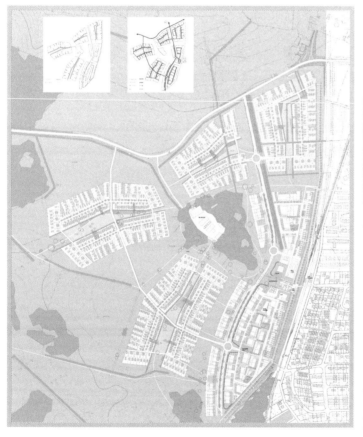

 - Beckershof，亨施泰特－乌尔茨堡（Henstedt-Ulzburg），德国

 - APB Architekten BDA，汉堡；JKL Junker + Kollegen Landschafts-architektur，格奥尔格斯马林许特（Georgsmarienhütte），德国

 - www.apb-architekten.de

 - 四等奖

 - 2004 年

 - 城市扩展，新区

 - **社区绿地和开放空间**

 - 发展场地布局；重复 / 韵律，组群；社区绿地和开放空间；完整的绿色空间

新住宅是被区级绿地分组的，另外，它们有自己的社区绿地和开放空间

宅间绿地和开放空间

宅间开放空间与住宅直接相关，可能形式包括私人或公共花园，有植物美化的街道空间、前院、花园、凉廊或阳台。

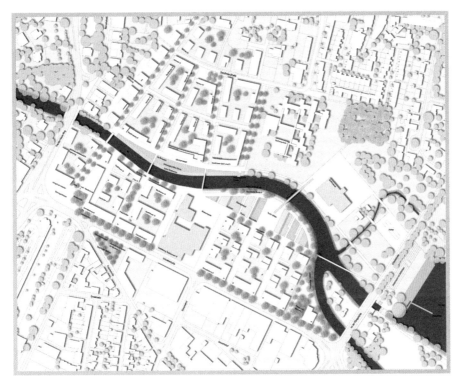

说明性场地平面

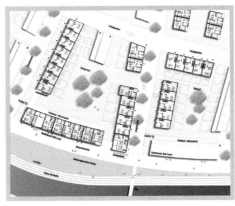

这些公寓直接与相邻的开放空间相连，比如私人或公共花园

🎯 — Industriestraße/Bocholter Aa，博霍尔特（Bocholt），德国

✏️ — pp a|s pesch partner architekten stadtplaner，黑尔德克 / 斯图加特；scape Landschaftsarchitekte，杜塞尔多夫

🖥️ — www.pesch-partner.de

🏆 — 一等奖

📅 — 2009 年

📁 — 城市再开发，商业 / 工业用地转化，城市新区

◈ — 宅间绿色开放空间

🔖 — 城市建筑街区：溶解街区、线性布局、行列式、点式；发展场地布局：基准（河道）；通过建筑界定绿色空间

绿色开放空间的设计

当设计绿色开放空间时，有三种可以选择的建筑街区和开敞空间之间的关系。

• 绿色空间被建筑物严格限制，建筑物可能部分对绿色空间开放，但是整体上以建筑物占主导。

• 绿色空间和建筑紧密贴合。对于较大的城市地区，绿色走廊承担这个功能。在一个区域的开发时，互连可以通过交替的建筑和紧凑的绿地来实现。在一组建筑的规模，这个可以通过建筑的摆放实现。建筑物和建筑物之间通过合理的摆放朝向公共空间。合适的城市建筑的例子是行列式结构、点式和U形的边缘开放的建筑。

• 由于建筑类型，建筑物本身也成为绿地的一部分嵌入绿地。建筑物可以单独或者成组安排。

- Nordwestbahnhof，维也纳，奥地利
- ernst niklaus fausch architekten，苏黎世
- www.enf.ch
- 一等奖
- 2008 年
- 城市再开发，铁道用地转化，城市新区和公园
- **通过建筑界定绿色和开放空间**
- 拉伸的网格；城市建筑街区：封闭式街区；发展场地布局：基准；表现方式：透视图

新的城市公园构成城市严格的框架

鸟瞰图

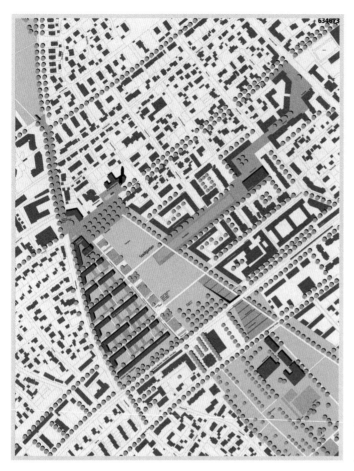

⟲ — Gilchinger Glatze，吉尔兴（Gilching），
德国

✎ — Marcus Rommel Architekten BDA，斯图
加特 / 特里尔（Trier）；ernst + partner
landschaftsarchitekten，特里尔

🖥 — www.marcus-rommel-architekten.de

📅 — 2005 年

📂 — 城市扩展，公园上的居住新区

◆ — 通过建筑界定绿色和开放空间 – 单边式

🏷 — 累加法；城市建筑街区：溶解街区、线
性布局；发展场地布局：基准；通过建
筑界定完整的绿色空间

绿色开放空间在一边限定了
建筑，另一边建筑则渗透进
入开放空间中

模型

- Europan 9，stepscape greenscape
  waterscape，罗斯托克（Rostock），德国

- florian krieger – architektur und
  städtebau，达姆施塔特

- www.florian-krieger.de

- 一等奖

- 2008 年

- 城市再开发，内城开发，滨水居住新区

- **完整的绿色和开放空间**

- 累加法；城市建筑街区：混合式空间结构、
  线性布局、行列式和点式；表现方式：透
  视图

公共空间和建筑之间的融合
是这个建筑的设计概念

透视图

由于建筑物是松散独立放置而不是排成一条线的，故建设用地成为绿色空间的组成部分

模型

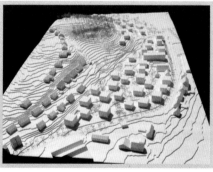

 - **Vorderer Kätzleberg**，施托卡赫（Stockach），德国

 - LS Architektur Städtebau，斯图加特；Braun+Müller Architekten BDA，康斯坦茨（Constance）

 - www.leonhardschenk.de
www.braun-mueller-architekten.de

 - 一等奖

 - 2011 年

 - 城市再开发，商业用地转化，居住新区

 - **流动的绿色和开放空间**

 - 城市建筑街区：点式；环状路网；表现方式：结构概念；表现模型

9.3.2　绿色开放空间的设计元素

　　花园或者城市景观建筑有着多种的设计选择：开放空间按照一定模式改变形状可以使其本身被突显出来，水系可以通过河流或者小溪引入设计当中。依照不同的功能，树木、灌木、树篱和草地，多种建筑元素如路径、墙壁、凉棚，以及多种铺地都可以被用于设计。设计中最常用的两种设计元素就是树和水。

树木被当作空间设计元素

　　树木是城市自然空间重要的组成部分。它们改善城市气候，减少二氧化碳排放，阻挡太阳辐射。如果仅仅考虑它们的形态和排列，树木是很好的设计元素，而当和建筑一起考虑时，它们可以帮助定义城市。[23] 树木在城市空间里通过广场、开放绿地等成为结构要素。根据不同的城市空间，树木有着不同的栽种方法。简单说来，在城市空间，树木通常被种植为一圈、一列或者树阵。在开放绿地中的形式有单独植树、成组植树，或者阵列植树等。

　　独立植树：更大的独立植树在城市空间中用来标识特殊的空间，比如小型街区广场，或者一组建筑物的入口。在开敞空间，它们一般会被单独种植，用来表现这一地区的特殊性。

　　行列植树：成列或者平行成列的树木一般用来标识街道，强调街道的方向性，形成线性的城市空间。在交通堵塞的街道上，不规则的一排树木从一侧到另一侧交替出现，可以限制空间流动，对交通行为产生积极的影响。

---

23 Anna-Maria Fischer and Dietmar Reinborn, "Grün und Freiflächen," in *Lehrbausteine Städtebau*, 2nd ed., ed. Johann Jessen (Stuttgart: Städtebau-Institut, 2003), p. 131 ff.

第9章　作为自由实践的中间空间

- Spitalhöhe/Krummer Weg，罗特韦尔（Rottweil），德国

- Ackermann+Raff，斯图加特 / 图宾根

- www.ackermann-raff.de

- 一等奖

- 2005 年

- 城市扩展，新区

- 独立植树，行列植树

- 建设用地上的建筑街区布局：基准、序列 / 韵律、组群；通过组合塑造场地；弯曲的街道
  空间；表现方式：图示

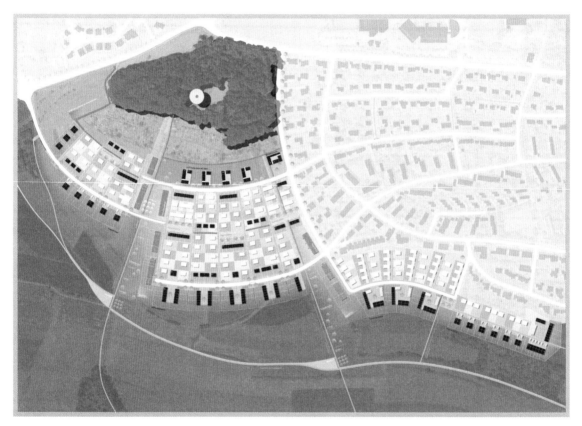

阵列植树划分居住区和临近
的街区，单独散布的植树划
分乡村的房屋

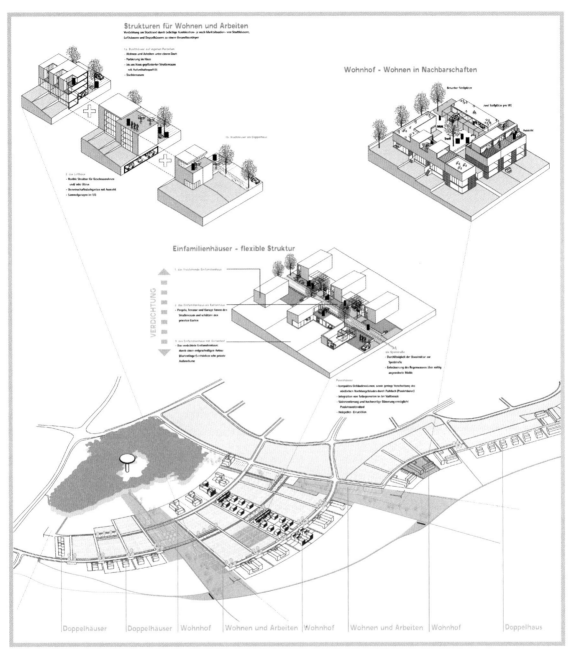

树木的位置和房子的种类共
同构成不同的空间感受

五排树木使得主干道变成了
林荫大道

— Europacity/Heidestraße，柏林，德国

— HILMER & SATTLER und ALBRECHT，柏林 / 慕尼黑；Keller Landschaftsarchitekten，柏林

— www.h-s-a.de

— 三等奖

— 2008 年

— 城市再开发，内城开发，城市新区

— **行列植树**

— 提炼；累加法；发展场地布局：轴线、（部分）对称、基准、重复 / 韵律、组群；通过塑形塑造场地

规整的树木：按照规则的形态排列成圆形、正方形或者形成树阵，是城市空间中的常见设计方法。广场上的树荫可以形成有安全感的私密空间。植树可以限定大空间或者把大空间划分为不同的部分。

　　自由成组树木：在景观公园里,树木经常被安排组成松散或紧密的组("团块"),形成树丛,单独的树木和树丛的变化可以划分出开敞或者紧凑的空间。这种设计甚至可以使大的城市绿地变得更加自然。

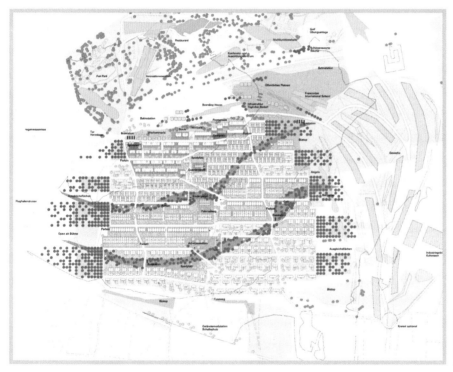

严格按照网格排布的树木,使建筑物在视觉上可以融合到景观当中,而在城市绿色走廊则布置一些树丛

📍 — Herzo Base 居住区，黑措根奥拉赫，德国

✏️ — straub tacke architekten bda，慕尼黑

🖥 — www.straub-arc.de

🏆 — 三等奖

📅 — 2002 年

🗂 — 城市再开发，军用地转化，居住新区

◆ — **严整网格植树，自由组群植树**

🔖 — 分区法；环状路网、流通环状、通过界定塑造场地；表现方式：图示

9.3.3 水作为空间设计元素

水对于很多人都十分有吸引力。在水边工作或者生活被视为一种格外的享受。这些年，许多河边废弃的老工业场所或港口正在转变为现代化的住宅和办公区，以创新的城市设计和建筑设计给人留下深刻印象。如阿姆斯特丹东部码头区：它包含新的住宅区：Java-eiland、KNSM-eiland、Borneo、Sporenburg；在杜塞尔多夫的传媒港区；以及汉堡的港口城。除了对于滨水区域的创新使用，全世界范围内有很多建造在人工岛屿上的新城区，利用拓宽的水道或者运河进行建设。媒体广泛报道的迪拜棕榈岛项目，是建设在迪拜海边的大型棕榈岛形状的三座人工岛屿。棕榈般的布局意味着几乎所有的居民有自己的私人海滩通道。

在荷兰，近些年来，在许多城市扩张区，大致 80 万个新住宅单位，已经成为 Vinex 计划的一部分。作为这个计划的一部分，艾瑟尔堡（IJburg）的新区正在阿姆斯特丹的艾梅尔湖（IJmeer）海湾的几个人工岛上建设。在荷兰，由于某些环境上的考虑，居住区必须有 10% 的土地保留给可能的水面扩张，因此，投资者和建筑师非常乐意在水边或者水上建设房屋。[24] 在伊彭堡（Ypenburg），大分区 Waterwijk 几乎完全都是滨水的住区。

水域可以以完全不同的方式设计：河岸可以以自然或人工的方式进行设计，并且水域可以改造成池塘、湖泊或游泳池。滨河的空间组织也存在多种的组织方式。封闭的城市街区和由 U 形体块构成的街区向开放的点式房屋转变，使更多的人可以享受河滨景观。

迪拜的朱美拉棕榈岛， HHCP
ARCHITECTS，2001 年，阿联酋

24 See interview with Jelte Boeijenga and Jeroen Mensink，"Welcome to Vinex Country," in Leonhard Schenk and Rob van Gool, *Neuer Wohnungsbau in den Niederlanden: Konzepte Typologien Projekte*（Munich: Deutsche-Verlags Anstalt, 2010），p. 21.

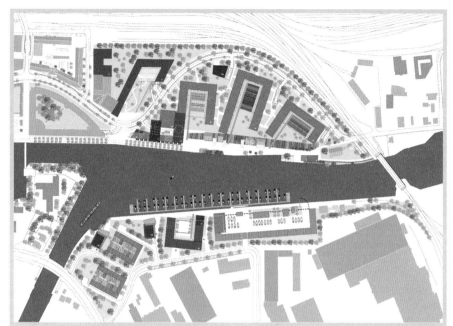

U 形的开放的城市设计特别
适合地块的滨水开发，因为
可以避免建筑物处于第二排
或第三排

透视图

— **Alter Stadthafen**，奥尔登堡（Oldenburg），德国

— BOLLES+WILSON，Münster，Agence Ter，卡尔斯鲁厄 / 巴黎

— www.bolles-wilson.com

— 三等奖

— 2008 年

— 城市再开发，港口区转化，城市新区

— **滨水生活 / 开发**

— 累加法；城市建筑街区：溶解的、开放的街区；表现方式：透视图

这个设计提供了多种的滨水模式，包括不同的小岛、半岛和河道

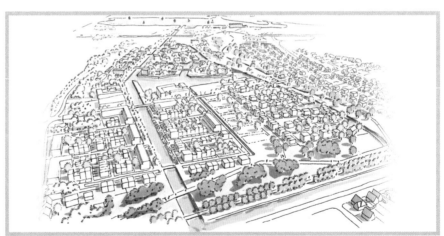

鸟瞰图

📍 – Vechtesee – Oorde，诺德霍恩（Nordhorn），德国

✏️ – pp a|s pesch partner architekten stadtplaner，黑尔德克（Herdecke）/ 斯图加特；Glück Landschaftsarchitektur，斯图加特

🖥 – www.pesch-partner.de

🔍 – 二等奖

📅 – 2009 年

🗂 – 城市扩展，商业用地转化，居住新区和休闲娱乐区

◈ – **滨水生活 / 开发**

🔖 – 城市建筑街区：溶解街区、庭院、线性布局、行列式、点式；建设用地上的城市建筑街区布局：轴线 / 对称、组群

曲折的行列结构使得滨水环
境很好地渗透到街区内部

模型

- LindeQuartier，威斯巴登，德国
- wulf architekten，斯图加特；Möhrle + Partner Landschaftsarchitektur，斯图加特
- www.wulfarchitekten.com
- 一等奖
- 2007 年
- 城市再开发，港口区转化，居住新区
- 滨水生活 / 开发
- 建设用地上的城市建筑街区布局：基准、序列 / 重复 / 韵律；拓宽的街道空间；完整的绿
  色空间

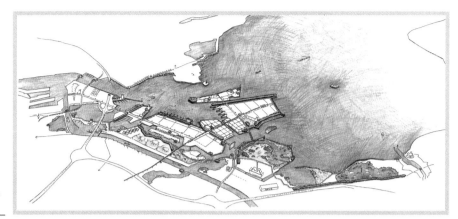

阿姆斯特丹艾梅尔湖湾中人
造岛的设计草图

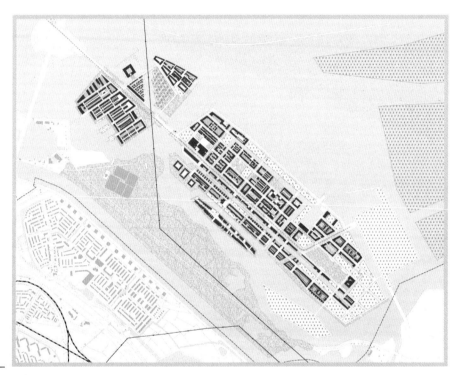

发展情况，2010 年

⚙ － 艾瑟尔堡，阿姆斯特丹，荷兰
✎ － Palmbout-Urban Landscapes，鹿特丹
🖥 － www.palmbout.nl
📅 － 1995 年
📁 － 城市扩展，新区
◈ － 滨水生活 / 发展
🔖 － 累加法；发展场地布局：轴线、基准、序列 / 重复 / 韵律；线性街道；通过建筑界定绿色
空间

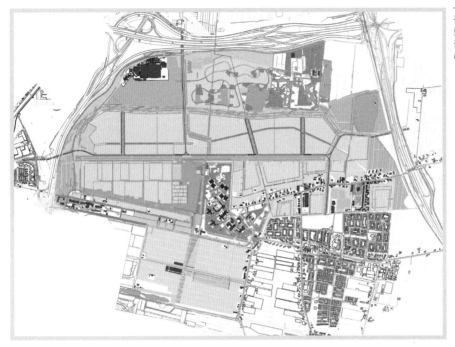

在伊彭堡（Ypenburg），大型的 Waterwijk 分区专门被设计为滨水生活服务（上图中间右侧）

发展情况，2010 年

📸 — **伊彭堡，海牙，荷兰**

📝 — Palmbout – Urban Landscapes，鹿特丹

🖥 — www.palmbout.nl

📅 — 1994 年

🗂 — 城市再开发，军用地转化，新区

📑 — **滨水生活 / 发展**

🏷 — 累加法；发展场地布局；轴线、基准、序列 / 重复 / 韵律、组群；通过建筑界定完整的绿色空间

10

第 10 章　城市设计的表达

— 与建筑设计相反，城市设计具有较高的抽象度。建筑物通常表现为简单的形状和体积；而街道、公共空间和广场等等反而多少有被强调的部分。尽管如此，不同的城市设计可能具有完全不同的抽象程度和规模尺度，可以反映在不同类型的图纸中。

10.1 规划与图纸——法定规划与非法定规划

具有法律约束力的控制性规划（例如，控制性用地规划）和非正式的分析型规划（例如，非正式的规划设计）之间有显著的区别。具有法律约束力的规划具有法律效力，尽管它的具体影响可能因规划类型而异。

虽然具有法律约束力的规划的具体情况因管辖区域而异，不过以德国为例，在德国一般控制性规划有如下几类。

10.1.1 预备性土地利用规划

预备性土地利用规划（Flächennutzungsplan，FNP）是一种分区规划，市政府通过这个规划决定未来十到十五年内城市发展所需要的土地利用类型。不同用途被表示为不同颜色和图案的区域。随着预备性土地利用规划的采用，市政府也即将起草具有法律约束力的土地利用规划。第三方，如指定开发区的业主，无法从土地利用规划中获得任何权利。

来自**预备性土地利用规划**，市政府定义了土地利用的类型，康斯坦茨预备性土地利用规划的细部，德国

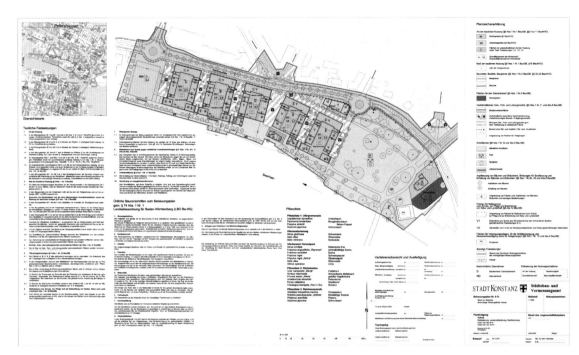

约束性土地利用规划使用具有法律约束效力的术语规范了塞莱因城（stadt am Seerhein）范围内独立用地的使用与建设行为。
——康斯坦市约束性土地利用规划（德国）

10.1.2 约束性土地利用规划

约束性土地利用规划（Bebauungsplan，B-Plan）是一项对每个人具有法律效力的地方法规。它只覆盖了市政区域内较小的、特别定义的下属区域。这些规定以书面形式进行说明，并加以图解，用标志性的线型表达例如建筑物占地面积和建筑控制线，以及列出具体数据（如总建筑面积）的规划符号。"土地利用规划是一种具有法律约束力的城市土地利用规划，它通过具有法律约束力的条款，规定如何使用土地和如何在建设用地上进行建造，对象也包括那些属于私人拥有者的土地。"[1] 相反，与预备性土地利用规划不同，财产所有者可以从具有约束力的土地利用规划中获得权利，这意味着它可以作为在规划和建设法规下援引索赔的依据，尽管仍然受到规定的限制。

---

1 *Mitreden mitplanen mitmachen: Ein Leitfaden zur städtebaulichen Planung*（Wiesbaden: Hessisches Ministerium für Wirtschaft, Verkehr und Landesentwicklung, 2001），p. 20.

10.1.3 非正式规划

市政发展规划

市政发展规划通常制定有关经济和人口发展、环境状况和预算规划的方案。发展规划的重点是一份书面文本，一般附有概述图。

城市设计框架规划 / 总体规划城市设计框架规划

城市设计框架规划 / 总体规划城市设计框架规划（通常也称为总体规划），一般是针对市政区域的较大部分开发的。它们一般基于城市设计方案，如城市设计竞赛的结果。框架规划用于在更大背景范围内说明具有约束力的土地利用规划或个别措施，并从政治家和城市社区那里获得对于规划原则的支持。框架规划仅仅制定目标；它们不包含具有法律约束力的规定。然而，市政框架规划等是由市政府或市议会选定的，因此对其所包含的内容承担了一定的承诺。

城市设计方案

城市设计规划构成了城市设计框架规划和具有约束力的土地利用规划的基础。它们强调概念、功能和设计方面的内容。在一项说明性的场地规划（所谓的 Gestaltungsplan）中，最可能的建筑开发形态，以示例性或理想化的方式在图中呈现。

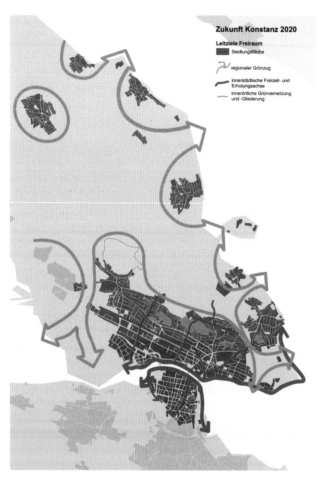

城市发展规划制定了一种关于城市未来发展的方案。Leitziel Freiraum（指导愿景：开放空间）：康斯坦茨市"康斯坦茨 2020 年"城市发展概念规划的细部（德国）

10.2　城市设计中的规划类型、图纸和模型

由于对各种规划类型的详细描述将超出本书的范围，此处将主要处理城市设计规划，例如由城市设计竞赛组织者提出的要求。

10.2.1　说明性场地方案

说明性的场地方案是每个城市设计的核心。在其中包括所有的设计说明，例如建筑结构、用途的分配、接入手段、绿色和开放空间。根据被规划的地区的大小，以 1：5000、1：2000、1：1000 不同比例尺描绘，或者对于非常小的地区，可以以 1：500 的比例描绘。范围可以从抽象但写实的规划表达到纯图像语言。

选择适当的表达方式很大程度上取决于设计的核心、目标群体以及个人的设计和绘画风格。所有有助于增强设计可读性的手段都是可以接受的。然而，有一些表达方式是已经达成共识的：图纸通常以北方朝上，用阴影可以强调树木、地形高差和建筑物的雕塑感。像植被和水体等元素通常以接近自然色彩的绿色或蓝色色调来描绘。街道和公共广场不应该太暗，不然它们往往会在视觉上跳转成前景。使用不同粗细的线型有助于为不同设计元素建立层次秩序。个体越重要，它的轮廓越粗。不同的楼层以罗马数字表示，使用时使用符号"+D"表示阁楼（D=Dachgeschoss）。

细部的程度也随着整体尺度的不同而变化。虽然在 1：2000 的尺度上，只有概括性的结构要素例如交通、功能用途、建筑形式和开放空间可以在这个尺度中的说明性场地方案中被辨识，但在 1：1000 的尺度上，例如用地边界、屋顶形式和关于室外空间和公共道路设计的基本说明已经可以被表达出来。1：500 的尺度适合显示更多的细部，如带有交通性核心筒的建筑类型、公共空间和私人户外空间。

一种简单的技巧可以检查场地规划的可读性：当您紧紧眯起眼睛时，最重要的结构元素应当仍然可以被识别。如果这些元素的明暗对比（或颜色对比）不足，当眯着眼睛观看的时候各个要素粘连在一起，则必须修改表达方式。

site plan scale 1:5000

在一个 1 ： 5000 的场地方
案中，只有关于交通、使用、
建筑形式、开放空间和城市
结构的整合的结构化判断才
能被识别

⌖ — **城市换乘滕珀尔霍夫（Tempelhof）机场**，柏林，德国

✐ — Leonov Alexander Alexandrovich，莫斯科；Zalivako Darya Andreevna，莫斯科

▣ — www.competitionline.com/de/wettbewerbe/24324

🏆 — 二等奖

📅 — 2009 年

🗂 — 城市再开发，机场用地转化，新区

❖ — **场地方案 / 说明性场地方案**

◣ — 叠加法；通过排除 / 留白塑造场地、组合和塑形

- Metrozonen，Kaufhauskanal，汉堡，德国

- BIG Bjarke Ingels Group，哥本哈根；TOPOTEK 1，柏林；Grontmij，德比尔特（De Bilt），荷兰

- www.big.dk

- 一等奖

- 2009 年

- 城市再开发，港口区转化，居住新区

- **说明性场地方案**

- 拉伸网格；建设用地上的城市建筑街区布局：序列 / 重复 / 韵律；滨水生活 / 开发

（a）在 1∶1000 的尺度上，诸如用地的边界、屋顶的形状，以及关于户外空间和公共道路设计的基本内容已经可以被描述了

（b）1∶500 的比例适合展示更多的细部，例如公共空间和私人户外空间的细部

沿着 Kaufhauskanal 的透视图

 — Neufahrn-Ost，布赖斯高地区弗赖堡，德国

— Ackermann & Raff，斯图加特 / 图宾根；Planstatt Senner，于伯林根（Überlingen）

— www.ackermann-raff.de

— 一等奖

— 2005 年

— 城市扩展，居住新区

— **说明性场地方案**

— 提炼；几何准则；累加法；城市建筑街区：开放街区、线性布局、行列式、点式、独立建筑；发展场地布局：轴线、序列 / 重复 / 韵律、组群

这个说明性场地方案以大胆的配色计划展示了城市景观和新的城市设计间的融合。很明显，这种设计能够有效地防止来自支路的噪声

说明性场地方案的保留图形
突出显示了开放的、流动的
绿色空间

 — **Vorderer Kätzleberg**，施托卡赫
（ Stockach ），德国

— LS Architektur Städtebau，斯图加特；
Braun+Müller Architekten BDA，康斯
坦茨

— www.leonhardschenk.de，
www.braun-mueller-architekten.de

— 一等奖

— 2011 年

— 城市再开发，商业用地转化，居住
新区

— **说明性场地方案**

— 流动绿色和开放空间

10.2.2 结构性概念图

结构性概念图显示了较大的城市地区最重要的空间和功能结构关系。例如,在规划一个下属区域时,结构性概念用于显示设计措施如何支持或改善这些关系,或者甚至可能通过新的方式进行扩展。底图用于解释结构之间的关系,通常以标志符号表达,可能是一个简化的城市区划、建设用地、开放空间,甚至是图底关系图——这取决于被描绘区域的大小。

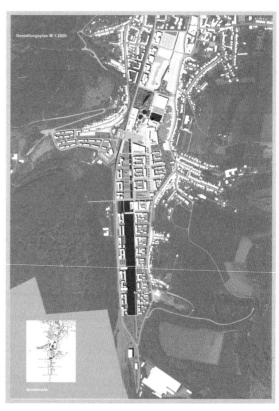

左图,结构概念显示了较大城市区域内最重要的空间和功能关系
右图,说明性场地方案

 – **Schmelz Diddeleng 空间结构概念**,卢森堡

 – ISA Internationales Stadtbauatelier,斯图加特 / 北京 / 首尔 / 巴黎;Planungs-gruppe Landschaft und Raum,科恩塔尔 – 明兴根(Korntal-Münchingen),德国

 – www.stadtbauatelier.de

 – 三等奖

 – 2009 年

 – 城市再开发,工业区转化,新区

 – **结构化概念**

 – 发展场地布局:轴线、等级化、基准、序列 / 重复 / 韵律、组群

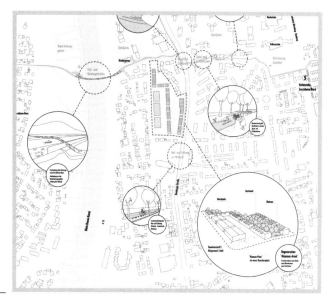

- Europan 10，Eine urbane Schnittstelle neu denken（对城市界面的再思考），福希海姆，德国

- Jörg Radloff、Maximilian Marinus Schauren、Karoline Schauren，慕尼黑

- www.schauren.com

- 入围名单

- 2010 年

- 城市再开发，工业 / 商业用地转化，居住新区

- **结构化概念**

- 城市建筑街区：线性布局；通过塑形塑造场地

结构化概念的细节

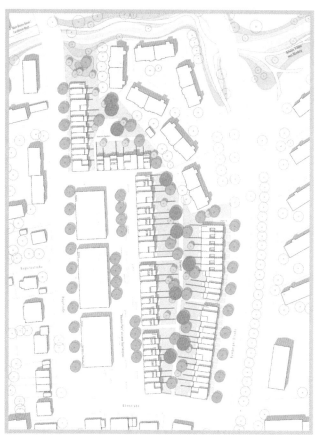

说明性场地方案

透视图表现的结构化概念

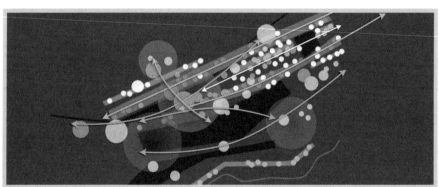

抽象的结构化概念

🎯 — Europan 9，Empreinte，勒洛克勒（Le Locle），瑞士
📝 — mwab architectes urbanistes associés，巴黎
🖥 — www.mwab.eu
🏆 — 一等奖
📅 — 2008 年
📁 — 城市更新，居住新区、公园和事件发生区域
◈ — 结构化概念
🏷 — 累加法和叠加法；城市建筑街区：线性布局、点式

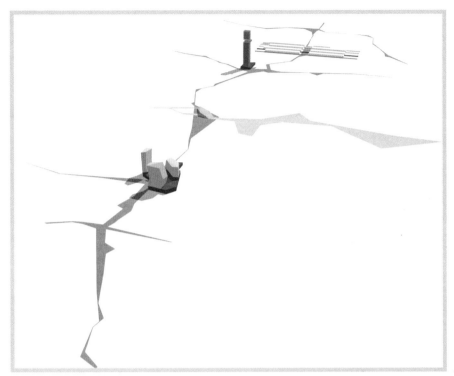

极简主义的结构概念，只显
示最重要的关系

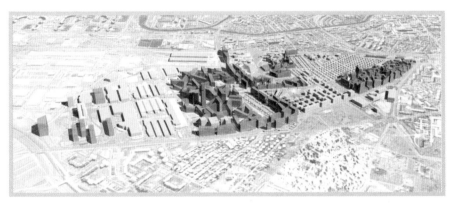

透视图

🎯 — Partnership Smartinska，斯洛文尼亚（Slovenien）

✏️ — JUUL | FROST ARKITEKTER，哥本哈根

🖥️ — www.juulfrost.dk

🏆 — 二等奖

📅 — 2008 年

🗂️ — 城市再开发，工业 / 商业用地转化，城市新区

📑 — **结构化概念**

🏷️ — 非规则网格；城市建筑街区：溶解街区；曲折的街道空间、拓宽的街道空间

10.2.3　图底关系图

　　图底关系图（Baumassenplan），它的名字就暗示了建筑物是在白色背景上显示黑色图案，用于表现设计是否以及如何适应于现有的建筑肌理。如果把颜色颠倒过来，在黑色背景下显示白色建筑，人的感知就会改变：按照图底关系图的原理，那么城市空间就会转移到前景来。两种形式的表示都非常适合用于评估设计，甚至可以在设计过程中反复进行。

- Innerer Westen，雷根斯堡（Regensburg），德国
- Ammann Albers StadtWerke，苏黎世；Schweingruber Zulauf Landschaftsarchitekten BSLA，苏黎世
- www.stadtwerke.ch
- 一等奖
- 2011 年
- 铁道用地转化，居住新区
- 图底方案（poche plan）
- 发展场地布局：重复 / 变化 / 韵律

上图，图底方案将新区域通过颜色突出表示
中图，图底方案显示怎样将设计融入现有建筑结构
下图，在翻转的图底方案中，城市空间被突出表示作为图底中的"图"

10.2.4 剖面图

在城市设计中，剖面图的不再以技术性含量为主，而更多用于传递信息和描绘氛围。这是对城市空间，即建筑之间空间的结构与质量的描述，包括地形、比例和建筑高度。

剖切大量建筑物的长剖面应当被尽量避免，因为这会扭曲建筑元素与户外空间的关系。对于纯粹的城市设计而言，核心并不是要处理建筑的细节，所以在一个场地剖面中看到的建筑立面最好以适度的、示意性的方式描绘，否则这样的立面会引起太多的关注，因为这些位置的线密度要更高一些。另一方面，让人群、树木和车辆显现出来的剖面有辅助性的效果。

在剖面中，结构和中间空间的质量变得清晰

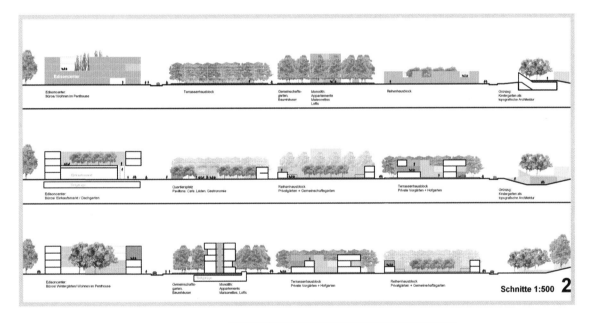

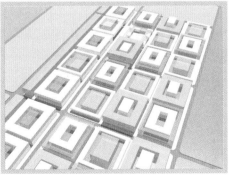

透视图

- — Europan 7，Suburban Frames，新乌尔姆，德国
- — florian krieger – architektur und städtebau，达姆施塔特
- — www.florian-krieger.de
- — 一等奖
- — 2004 年
- — 城市再开发，军用地转化，居住新区
- — 剖面图
- — 累加法

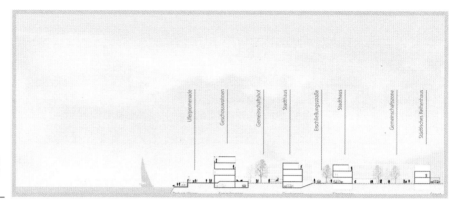

虽然这些建筑只是被描绘成示意图，但这部分显示出有吸引力的居住环境

说明性场地方案

- 沿莱克（Ryck）河的新住宅，格赖夫斯瓦尔德（Greifswald），德国
- pp a|s pesch partner architekten stadtplaner，黑尔德克 / 斯图加特
- www.pesch-partner.de
- 三等奖
- 2006 年
- 城市更新，商业用地转化，滨水新区
- 剖面图
- 累加法；发展场地布局：轴线、序列 / 重复 / 韵律

前面为带有细节的剖面，后面的背景则被虚化

透视图

- Europan 9，特伦特河畔斯托克（Stoke-on-Trent），英国
- Duggan Morris Architects，伦敦
- www.dugganmorrisarchitects.com
- 荣誉提名
- 2008 年
- 城市再开发，商业用地转化，居住新区
- **剖面图**
- 发展场地布局：基准、重复 / 韵律；通过塑形塑造场地

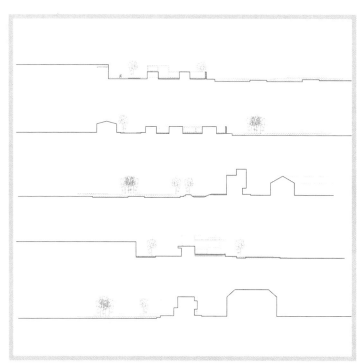

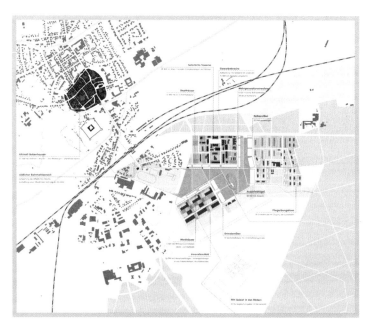

- ⤤ — Europan 9，Grünkern（绿色核心），
  巴本豪森（Babenhausen），德国
- ✎ — Metris Architekten，达姆施塔特／海德
  堡（Heidelberg）；711LA，斯图加特
- 🖵 — www.metris-architekten.de，
  www.711lab.com
- ⚙ — 一等奖
- 📅 — 2008 年
- 🗁 — 城市再开发，军用地转化，城市新区
- 🗒 — 剖面图
- 🗡 — 提炼（外部边界）、发展场地布局：
  基准、组群、布局；区级绿色和开放
  空间；通过建筑界定绿色空间

上图，抽象极简主义的剖面；
下图，结构概念

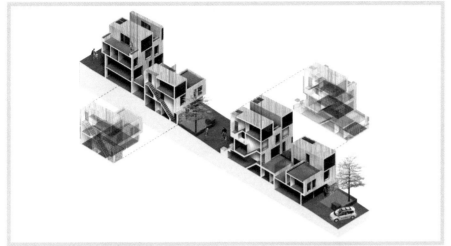

剖面轴测图

透视图

- Europan 9，city slipway，特伦特河畔斯托克，英国
- RCKa architects，伦敦
- www.rcka.co
- 一等奖
- 2008 年
- 城市再开发，商业用地转化，居住新区
- 剖面图
- 累加法；倾斜的网格；曲折的街道空间；滨水生活

第10章　城市设计的表达

10.2.5　设计草图

即使在数字化的时代，设计师也可以通过手绘草图的几根线条表达基本的设计理念，而形成一种引人注目的设计陈述。为了使设计意图表达更明确，图纸可以用手绘或借助数字图像处理进行上色。

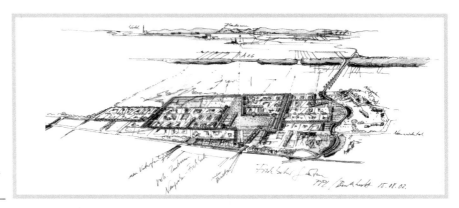

手绘草图仍然是设计师的个人引人注目的陈述

设计理念转化为模型

- Neugraben – Fischbek 居住区，汉堡，德国
- PPL Architektur und Stadtplanung，汉堡
- www.ppl-hh.de
- 三等奖
- 2001 年
- 城市再开发，军用地转化，新区
- 草图
- 发展场地布局：轴线、基准、重复 / 韵律；通过建筑界定绿色空间

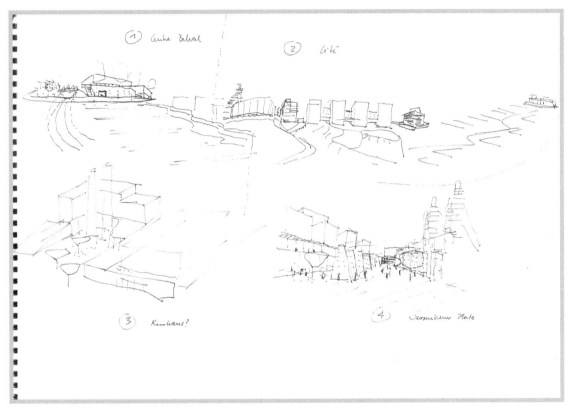

通过手绘草图，可以推进空间环境的设计并得到快速的反馈

🎯 — Belval-Ouest，阿尔泽特河畔埃施（Esch-sur-Alzette），卢森堡

✏️ — Jo Coenen Architects & Urbanists，Rolo Fütterer，马斯特里赫特；Buro Lubbers，斯海尔托亨博斯（'s-Hertogenbosch）

🖥️ — www.jocoenen.com，www.mars-group.eu

🏆 — 一等奖

📅 — 2002 年

📁 — 城市再开发，工业用地转化，新区

📑 — 草图

概念越清晰，沟通就越容易

⚙️ — Paramount Xeritown **总体规划**，迪拜，阿联酋

✏️ — SMAQ architecture urbanism research，柏林；Sabine Müller and Andreas Quednau，Joachim Schultz，X-Architects，迪拜；ohannes Grothaus Landschaftsarchitekten，波坦茨（Potsdam）；Reflexion，苏黎世；Buro Happold，伦敦

🖥️ — www.smaq.net

📅 — 2008 年

🗂️ — 城市扩展，可持续城市新区

◈ — 草图

🏷️ — 分区方式

10.2.6 图表和象形图

图表在城市设计中用于以图形表示数据、事实、信息或过程。图示可能涵盖从具体图形描述到纯抽象的形象。象形图是指仅仅代表离散信息的符号，图表以可视化和非常简单的方式解释复杂的关系。当然，象形图也可以在图表中使用。

今天几乎没有任何建筑或城市设计不含有专业的图表。这可能是因为面对当今时代的信息超载，快速、有针对性的沟通比以往更为重要。另一种解释是，图表不仅仅是传达想法的工具；该图本身已经成为设计的一种要素。[2]这两个观点可能都是合理的。精心设计的图表在两方面都实现了它们的目的。

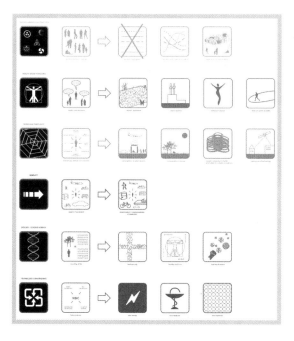
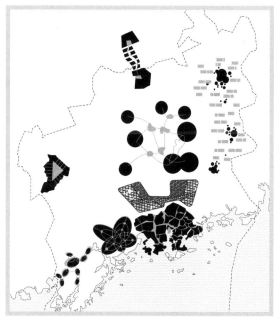

左图：一张象形图总是表现一类信息
右图：图示将复杂的关系以最简单的可视化方式表达

- Holistic Uniqueness Helsinki，芬兰
- CITYFÖRSTER architecture + urbanism，柏林 / 汉诺威 / 伦敦 / 奥斯陆 / 鹿特丹 / 萨勒诺（Salerno）；Steen Hargus，汉诺威
- www.cityfoerster.net
- 二等奖
- 2008 年
- 赫尔辛基大城市区域发展概念，芬兰
- **图示和象形图**

---

2 Miyoung Pyo，ed.，*Construction and Design Manual: Architectural Diagrams*（Berlin: DOM Publishers，2011），p. 10.

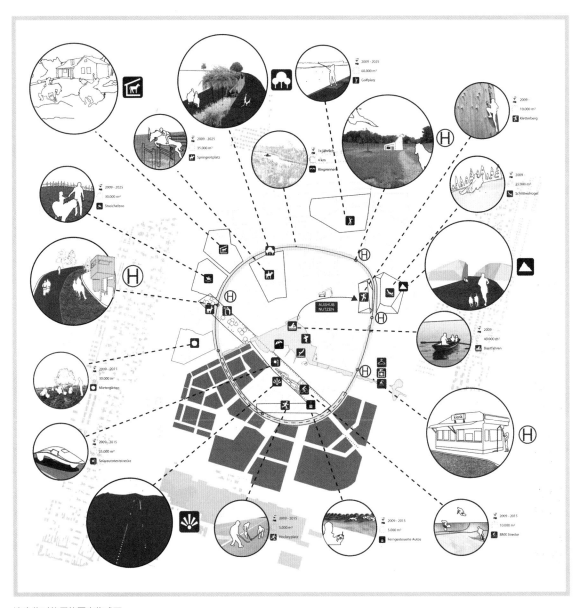

这个临时使用的图表集成了
大量的象形图

— **Aspern Airfield 公共空间指导**，维也纳，奥地利

— feld72 architekten，维也纳；Peter Arlt，urban sociologist，林兹（Linz）

— www.feld72.at

— 二等奖

— 2008 年

— 城市再开发，机场用地转化，新区

— **图示和象形图**

10.2.7 功能性分析图

为了创建功能性分析图，设计被分解到各个层次，它的一些基本方面以二维或三维图的形式描绘。典型的功能图是：

- 描述道路系统和运输方式的交通图；

- 开放空间图，显示提供私人和公共的绿色和开放空间，及其空间之间的互连；

- 建筑功能类型图阐释了住宅、商业、混合用途或公共设施和文化机构等建筑功能的分布情况。

根据设计，附加的功能图可以有助于解释例如施工阶段、视觉关系、建筑高度差异、能源概念、停车概念等各个方面。

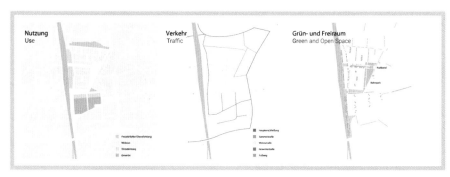

在功能图中，设计被分解成关于交通、使用和开放空间的基本陈述

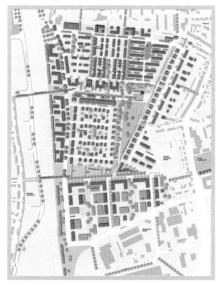

说明性场地方案

 – neue bahn stadt:opladen，莱沃库森（Leverkusen），德国

 – pp a|s pesch partner architekten stadtplaner，黑尔德克 / 斯图加特；brosk landschaftsarchitektur und freiraumplanung，埃森（Essen）

 – www.pesch-partner.de

 – 荣誉提名

 – 2006 年

 – 城市再开发，铁道用地转化，新区

 – **功能性图示**

 – 累加法；发展场地布局；轴线、序列 / 重复 / 韵律、组群；通过建筑界定绿色空间；表现方式：说明性场地方案

每个主题都从城市设计和景观的角度来解释

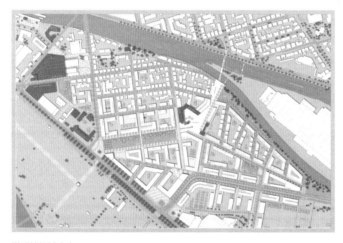

说明性场地方案

🎯 — 内卡公园（Neckarpark），斯图加特，德国

✏️ — pp a|s pesch partner architekten stadtplaner，黑尔德克 / 斯图加特；lohrberg stadtlandschaftsarchitektur，斯图加特

🖥 — www.pesch-partner.de

🏅 — 一等奖

📅 — 2008 年

🗂 — 城市再开发，铁道用地转化，城市新区

◈ — **功能性图示**

🏷 — 累加法；倾斜网格；建设用地布局：轴线、基准、序列 / 重复 / 韵律；通过建筑界定绿色空间

- Müllerpier，鹿特丹，荷兰
- KCAP Architects&Planners，鹿特丹 / 苏黎世 / 上海
- www.kcap.eu
- 1998 年
- 城市再开发，港口区转化，城市新区
- **功能性图示**
- 自由组合 / 拼贴；累加法；城市建筑街区：开放街区、线性布局、行列式、高层；滨水生活 / 开发

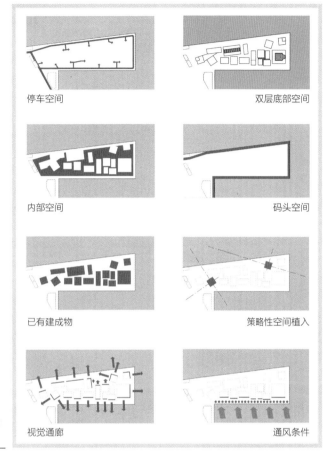

停车空间 · 双层底部空间

内部空间 · 码头空间

已有建成物 · 策略性空间植入

视觉通廊 · 通风条件

图表解释了该方案的功能和设计方面

透视图

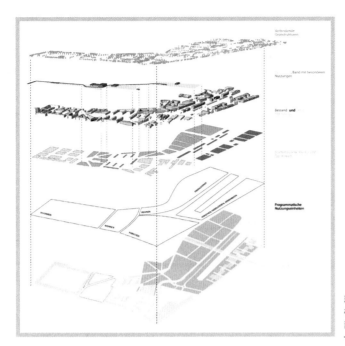

— Magdeburg 科学广场，德国

— De Zwarte Hond，格罗宁根
（Groningen）；Studio UC，柏林

— www.dezwartehond.nl

— 荣誉提名

— 2010 年

— 城市再开发，港口区转化，科学和教育
新区

— **功能性图示 – 分层图示**

— 表现方式：象形图

就像在一个爆炸的视图中一
样，设计被分解成各个组成
部分

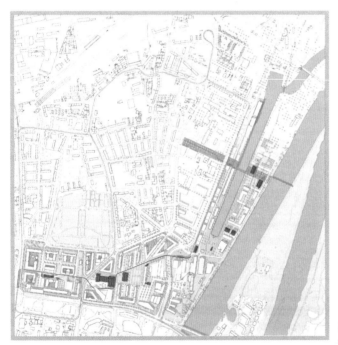

说明性场地方案

10.2.8 其他分析图

使用图解解释复杂关系的可能性，正如城市设计中要处理的各种主题和方面一样，具有很强的多样性。图表也适用于可视化过程，例如，设计过程中的各个步骤如何从分析中得出，或在实施过程中是否有特定的建造手段需要被贯彻。

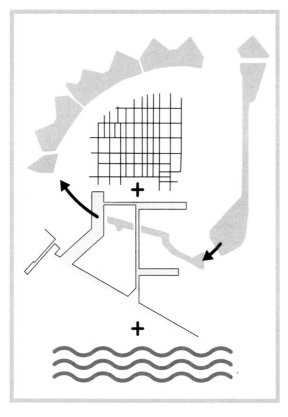

左图：设计理念图示
右图：设计理念实施

- FredericiaC，腓特烈西亚（Fredericia），丹麦
- KCAP Architects&Planners，鹿特丹 / 苏黎世 / 上海
- www.kcap.eu
- 一等奖
- 2011 年
- 城市再开发，港口区转化，居住和工作的城市新区
- **多样化图示**
- 叠加法；城市建筑街区：封闭的、溶解街区；滨水生活 / 开发

借助 6 张图的帮助,设计的整体概念被简洁地阐明了

透视图

- 哥本哈根北部港口:可持续化城市的未来(Copenhagen Northern Harbor:The sustainable city of the future),哥本哈根,丹麦
- COBE,哥本哈根 / 柏林;SLETH,Aarhus and Rambøll,哥本哈根
- www.cobe.dk
- 一等奖级别
- 2008 年
- 城市再开发 / 城市扩展,港口区转化,新区
- **多样化图示**
- 累加法;正交网格、倾斜网格;环形路网;滨水生活 / 开发;表现方式:透视图

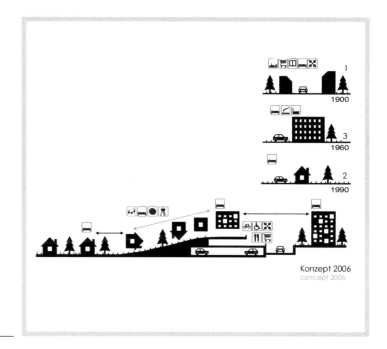

- Europan 8，Stadtgespräch，莱讷费尔德 - 沃尔比斯（Leinefelde-Worbis），德国
- Nicolas Reymond Architecture & Urbanisme，巴黎
- www.nicolasreymond.com
- 一等奖
- 2006 年
- 城市更新，现状建筑和新住宅升级
- **多样化图示**
- 断面

设计理念的大胆表现方式

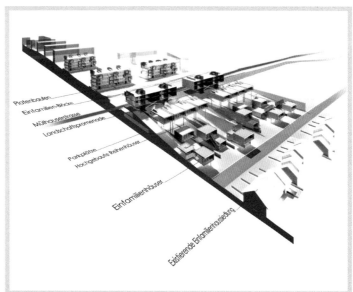

断面透视图

🎯 — **Europan 10，garten>Hof**，维也纳 – 梅德岭（Wien-Meidling）/利辛（Liesing），奥地利

📝 — Luis Basabe Montalvo，Enrique Arenas Laorga，Luis Palacios Lab-rador，马德里

🖥 — www.abparquitectos.com

🏆 — 一等奖

📅 — 2010 年

🗂 — 城市再开发，商业用地转化，居住新区

📚 — **多样化图示**

🏷 — 累加法；正交网格；完整道路网络

图示展示了不同的建筑选择

- Europan 9，Cumulus，Grorud Centre，奥斯陆，挪威

- SMAQ – architecture urbanism research，柏林

- www.smaq.net

- 一等奖

- 2008 年

- 城市更新，20 世纪 70 年代形成居住区的新中心

- **多样化图示**

- 自由构成与拼接；建设用地布局：组群；表现方式：透视图

雨水利用图示

透视图

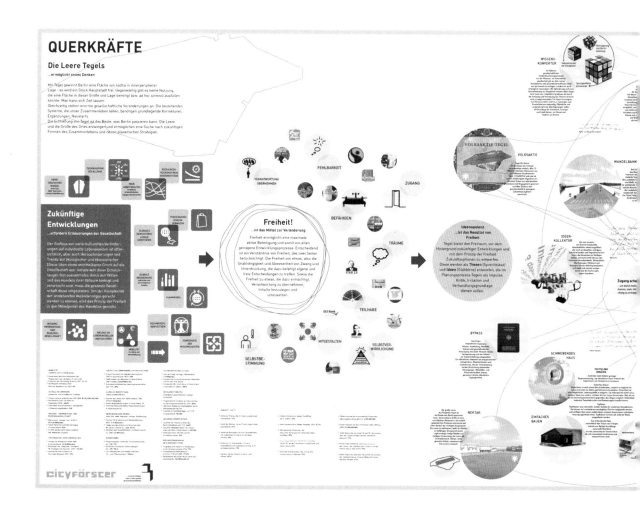

- Querkräfte，柏林 – 特格尔（Tegel），德国
- CITYFÖRSTER architecture + urbanism，柏林 / 汉诺威 / 伦敦 / 奥斯陆 / 鹿特丹 / 萨勒诺；urbane gestalt，Johannes Böttger，Landschaftsarchitekten，科隆；Steen Hargus，汉诺威；Anna-Lisa Brinkmann Design，柏林
- www.cityfoerster.net
- 2009 年
- 二次利用柏林泰格尔机场的发展理念
- 多样化图示
- 象形图

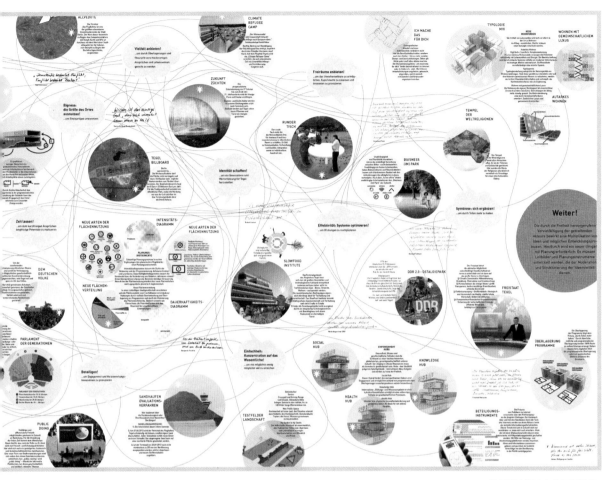

发展概念以庞大的图示进行
展示

10.2.9　透视图

　　透视图和渲染图可以帮助人们阅读和理解设计，特别是对于外行人士。鸟瞰图或空中视角有助于说明建筑结构和规划与其周边环境中的融合，而人视点效果图以类似于将来在实际中被感知的方式描绘空间情境。效果图的范围涵盖从简单的手绘图到用图像编辑程序着色，再到逼真的电脑渲染。最近可以观察到，在对数字化表达方法的强烈兴趣阶段过去之后，个性化、巧妙的手绘在演示方法中重新恢复了平等的地位。

第一眼看这种高度细致的透视图很难与航拍照片区分开来

🎯 — FredericiaC，腓特烈西亚，丹麦

📝 — KCAP Architects&Planners，鹿特丹 / 苏黎世 / 上海

🖥 — www.kcap.eu

🏆 — 一等奖

📅 — 2011 年

🗂 — 城市再开发，港口区转化，城市新区

🔶 — **透视图**

🔷 — 表现方式：图示

该透视图以含蓄的方式展示
了特殊的海滨生活环境

说明性场地方案

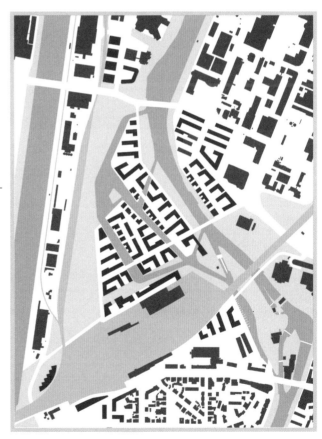

 — **Neckarvorstadt 总体规划**，海尔布隆
（Heilbronn），德国

— Christine Edmaier，Büro Kiefer
Landschaftsarchitektur，德国

— www.christine-edmaier.de

— 四等奖

— 2009 年

— 城市再开发，港口 / 铁道用地转化，
新区

— **透视图**

— 滨水开发

- Europan 8，L.A.R.S，卑尔根（Bergen），挪威
- SMAQ – architecture urbanism research，柏林
- www.smaq.net
- 二等奖
- 2006 年
- 城市更新，城市边缘区中心
- **透视图**
- 城市建筑街区：街块、混合式；通过组合 /塑形塑造场地

戏剧性景观背景和设计的简化图形表现之间的对比吸引了人们的注意

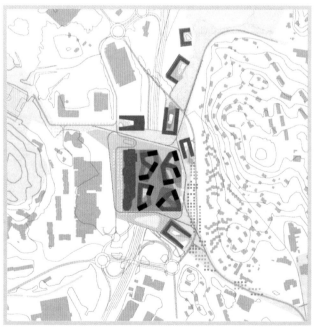

场地方案

该透视图散发着巨大的活力，
这是由手绘和数字演示技术
巧妙组合而来的

夜间透视图

- Bjørvika 港口区，奥斯陆，挪威
- Behnisch Architekten，斯图加特；Gehl Architects，哥本哈根；Transsolar KlimaEngineering，斯图加特
- www.behnisch.com
- 一等奖
- 2008 年
- 城市再开发，港口用地转化，城市新区
- **透视图**
- 累加法；城市建筑街区：封闭的、溶解街区、独立建筑；滨水生活 / 开发

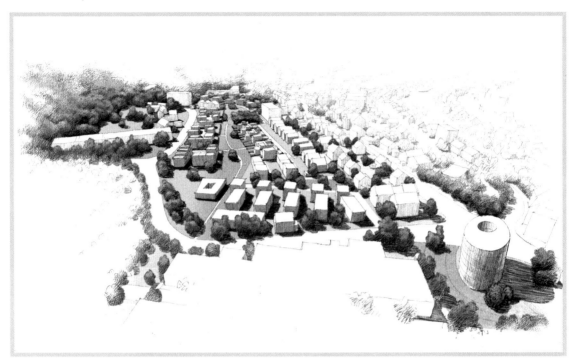

就像在说明性设计方案中一样，绿色空间和景观关系也被给予了特别的重视

说明性设计方案

🎯 — Ackermann 住房开发，古默斯巴赫（Gummersbach），德国

📝 — rha reicher haase associierte GmbH，亚琛；Planergruppe Oberhausen，奥伯豪森（Oberhausen）

🖥 — www.rha-architekten.de

🏆 — 一等奖

📅 — 2009 年

🗂 — 城市再开发，商业用地转化，居住新区

◆ — 透视图

🔖 — 累加法；城市建筑街区：庭院、线性布局、行列式、点式；通过组合塑造场地；区级绿色和开放空间

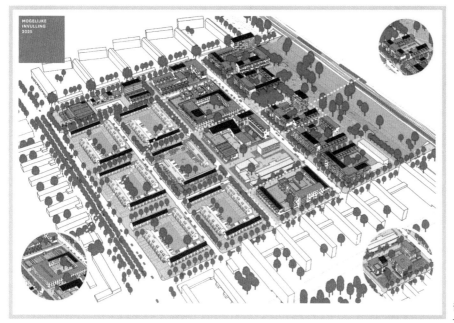

该图的信息特征是最重要的

行人的视线说明了开放空间的品质，而建筑相对来说是比较普通的

⊙° – Jacob Geelbuurt，Vernieuwingsplan，阿姆斯特丹，荷兰

✎ – JAM architecten，阿姆斯特丹

🖥 – www.jamarchitecten.nl

📅 – 2012 年

🗂 – 城市更新，住宅重建

◈ – **透视图**

◈ – 累加法；正交网格、城市建筑街区：溶解街区

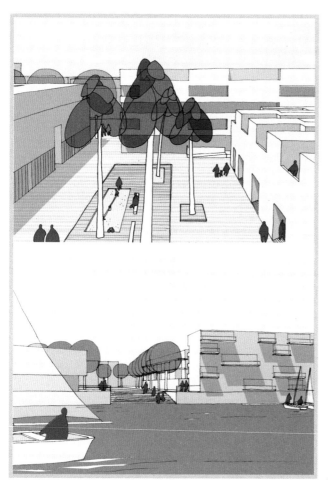

⊙ — Harburger Schlossinsel，汉堡，德国

✎ — Raumwerk，法兰克福；club L94，科隆

▣ — www.raumwerk.net

◎ — 一等奖

▦ — 2005 年

🗂 — 城市再开发，港口区转化，城市新区

◈ — **透视图**

◈ — 深度；累加法；发展场地布局：重复／韵律、组群；通过组合塑造场地

手绘线条和数码色彩结合的
透视图聚焦于描绘城市空间

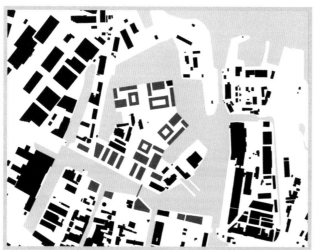

场地方案

- **SV Areal**，威斯巴登（Wiesbaden）- 多兹海姆（Dotzheim），德国

- Wick + Partner Architekten Stadtplaner，斯图加特；lohrer.hochrein landschaftsarchitekten，慕尼黑

- www.wick-partner.de

- 二等奖

- 2008 年

- 城市再开发，工业用地转化，居住新区和工业园区

- 透视图

- 累加法；城市建筑街区：街块、（商业）庭院、线性布局、点式；建设用地上的城市建筑街区布局：序列 / 重复 / 韵律

只要动几下笔，这个设计理念就会通过透视图表现出来

说明性场地方案

10.2.10　城市设计细节

根据规划任务的不同，需要不同级别的表现细节。在城市环境中，更精确的设计表达通常是可能的，比例从 1 ： 500 到 1 ： 50，举例而言：

- 公共和私人开放空间的设计准则；
- 车行通道和停车场；
- 景观要素和植被；
- 公共和私人开放空间的建筑关系（入口区域、平台、公共空间等）；
- 街道广场铺地、街道家具和灯管元素。

左图：这个方案显示了 1 ： 500 比例下的细节程度，包括从地下车库的出口、公共领域的设计元素，以及雨水渗透壕沟等方面的细节
右图：说明性场地方案

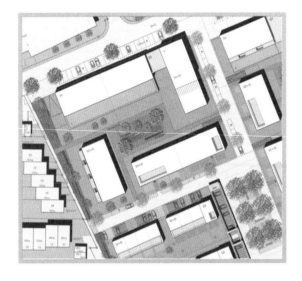 

- ⏱ – Südlich der Rechbergstraße，登肯多夫（Denkendorf），德国
- ✏ – LEHEN drei Architekten Stadtplaner – Feketics、Schenk、Schuster，斯图加特
- 🖥 – wwwl.lehendrei.de
- 🔍 – 二等奖
- 📅 – 2007 年
- 🗂 – 城市再开发，商业用地转化，居住新区
- **▧ – 城市设计细节**
- ⬗ – 城市建筑街区：溶解街区、线性布局；通过组合塑造场地

典型的道路断面尺度为
1 : 50

说明性场地方案

 — Stadtnahes Wohngebiet an der Breiteich，施瓦本哈尔（Schwäbisch Hall），德国

— Wick + Partner Architekten Stadtplaner，斯图加特；Gesswein Landschaftsarchitekten，
奥斯特菲尔登（Ostfildern）

— www.wick-partner.de

— 一等奖

— 2007 年

— 城市扩展，居住新区

— **城市设计细节**

— 累加法；发展场地布局：序列 / 重复 / 韵律；完整的绿色空间

10.2.11　方案布局

方案布局在某种意义上是城市设计方案的故事板。无论是功能上还是图形视觉上，布局应该支持对设计的可读性。布局的一个基本方面是对方案的统筹安排。经验表明，应首先提出结构概念、图形平面图和功能图，然后是说明性场地方案和分区方案，最后给出城市设计的细节和补充图纸。

可视化方式应该被明智地使用。一项简洁的、宏观形式的可视化成果，适合作为一个引人注目的部分，或者作为一个方案展示的开头或结尾。如果补充的可视化内容对于理解设计是必要的，那么它们可以单独地与方案相关联。就像经常发生的那样——少即是多。

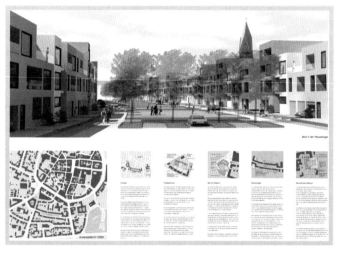

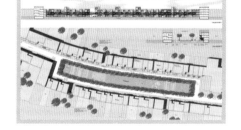

大篇幅的可视化内容作为一个引人注目方案展示的开始

- Südliche Innenstadt，雷克灵豪森（Recklinghausen），德国
- JSWD Architekten with club L94，科隆
- www.jswd-architekten.de
- 一等奖
- 2004 年
- 城市再开发，新的内城邻里
- **布局**
- 通过塑形塑造场地；表现方式：图示、透视图

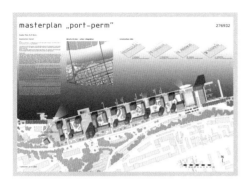

布局以不同的方式呈现主题，
因此每一页都有一些新发现

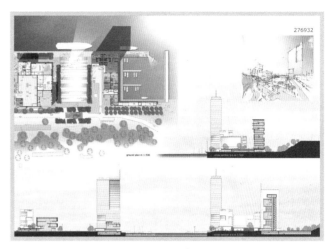

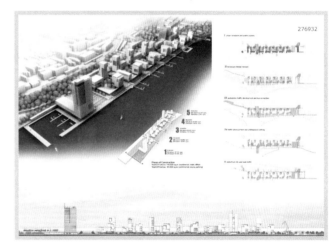

— Port Perm 总体规划，俄罗斯

— Architekt: KSP Jürgen Engel Architekten，
柏林 / 不伦瑞克（Braunschweig）/ 科隆 /
法兰克福 / 慕尼黑 / 北京

— www.ksp-architekten.de

— 一等奖

— 2008 年

— 城市再开发，港口区转化，滨水居住新区

— 布局

— 城市建筑街区：溶解城市街区、点式、高层、
混合式；表现方式：图示

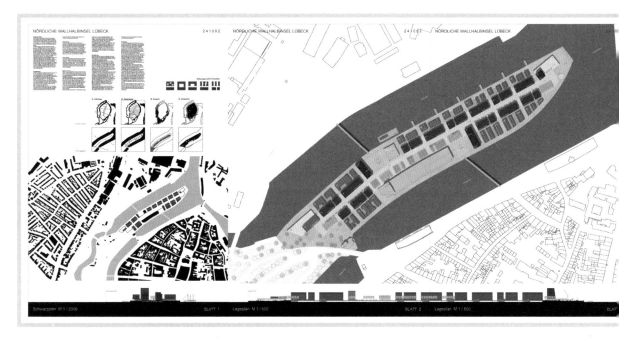

断面图贯穿在独立视图的底
部，并将视图从视觉上联系
在一起

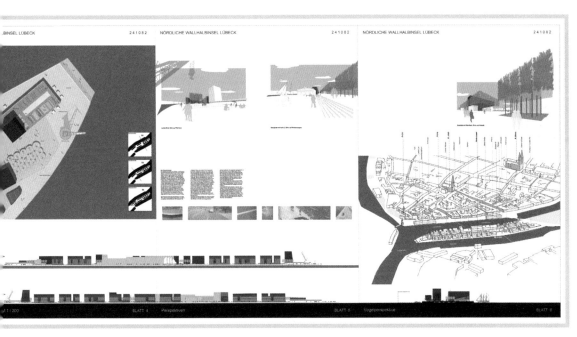

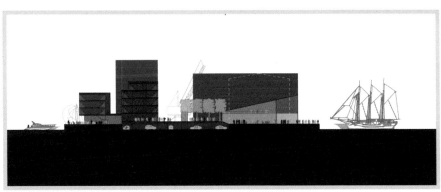

— Nördliche Wallhalbinsel Lübeck 总体规划，德国

— Raumwerk，法兰克福；club L94，科隆

— www.raumwerk.net

— 优胜奖

— 2008 年

— 城市再开发，港口区转化，城市新区

— 布局

— 表现方式：城市设计细节

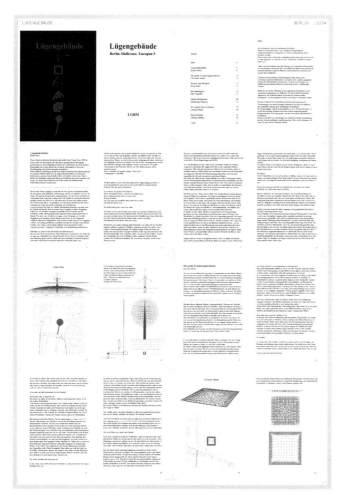

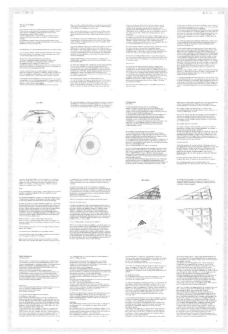

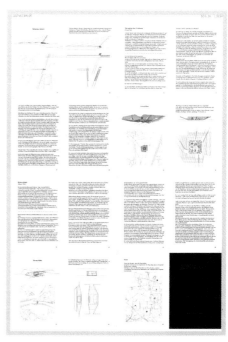

– Europan 9，Chancen für den
öffentlichen Raum // Walking,
Südkreuz，柏林，德国

– Architekten Koelbl Radojkovic，维也纳

– www.arch-koelbl-radojkovic.com

– 获奖者

– 2008 年

– 城市再开发，沿着独立层级路径的区域人行和自行车道概念

– 布局

这种带有印刷特征的布局是实现以文字形式呈现设计思想的一种恰当方式

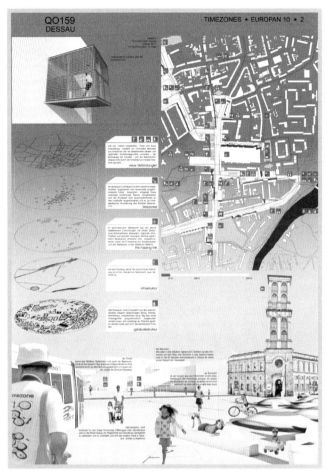

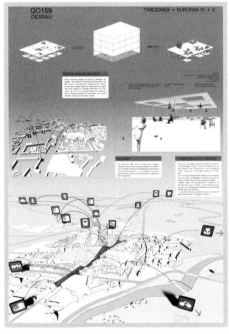

在连续的背景中，文字和设计图纸好像可以自由地飘浮在天空透视图的视野中

– Europan 10，Stärkung urbaner Kerne，Timezones，德绍（Dessau），德国

– Felix Wetzstein，You Young Chin，巴黎

– www.wetzstein.cc

– 入围

– 2010 年

– 城市再开发，主干线公路改造成城市大道

– 布局

– 表现方式：象形图、图示

10.2.12 模型

在设计过程中，物理模型和数字模型都适用于评估设计概念，同时也适用于最终的城市设计。

因此，简单的工作模型和完美的表现模型之间有根本的区别：

这种工作模型应该由便于修改的材料制成，如纸板或聚苯乙烯。然而，工作模型可以有一种特殊的魅力，在表现模型中不一定能找到。

工作模型可以有一种特殊的魅力，这在表示模型中不一定能找到

说明性场地方案

🎯 – geneve 2020 visions urbaines，日内瓦（Geneva），瑞士

📝 – XPACE architecture + urban design，Richmond，澳大利亚

🖥 – www.xpace.cc

🏆 – 四等奖

📅 – 2005 年

📁 – 城市再开发，工业用地转化，城市新区和工业园区

📑 – **模型**

🔖 – 叠加法；表现方式：象形图、图示

对于一种演示模型，建议使用硬的耐磨材料，如石膏模型、高密度塑料和木材。在一些国家，比如瑞士，为了更好地比较，比赛的展示模型被保留为黑白两色。一些公司，例如 BIG、OMA 和 MVRDV，以其色彩丰富的拼贴模型而闻名，这些模型是由不同的材料，有时是特殊的材料制成的。

无论所选择的表现形式如何，方案和模型都应该与它们所要表达的设计理念相一致。

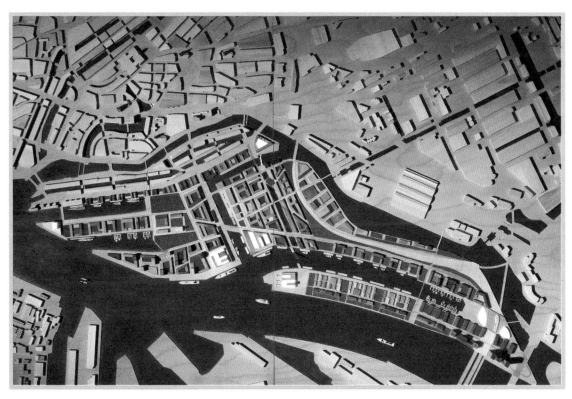

尽管规模庞大，但该模型让人们可以推测出未来地区的多样性

🎯 — 港口城（HafenCity），汉堡，德国

📝 — ASTOC Architects and Planners，科隆；KCAP Architects&Planners，鹿特丹 / 苏黎世 / 上海

🖥 — www.astoc.de，www.kcap.eu

🏆 — 一等奖

📅 — 1999 年

🗂 — 城市再开发，港口区转化，新区

◈ — **模型**

🏷 — 倾斜网格

竞赛场地内的开放空间在模
型中被着色，增强了人们对
空间设计的感知

- Neckarpark，斯图加特，德国
- pp a|s pesch partner architekten stadtplaner，黑尔德克 / 斯图加特；lohrberg stadtlandschaftsarchitektur，斯图加特
- www.pesch-partner.de
- 一等奖
- 2008 年
- 城市再开发，铁道用地转化，城市新区
- **模型**
- 表现方式：图示

用于模型的材料也可以激发
相应的联想：有价值、有活
力、可持续

⊙ — **Paramount Xeritown 总体规划**，迪拜，阿联酋

✎ — SMAQ – architecture urbanism research，柏林；Sabine Müller and Andreas Quednau
with Joachim Schultz，with X-Architects，迪拜；Johannes Grothaus Landschaftsar-
chitekten，波茨坦；Reflexion，苏黎世；Buro Happold，伦敦

🖥 — www.smaq.net

📅 — 2008 年

🗂 — 城市扩展，可持续新区

◈ — **模型**

🏷 — 分区方式；表现方式：草图

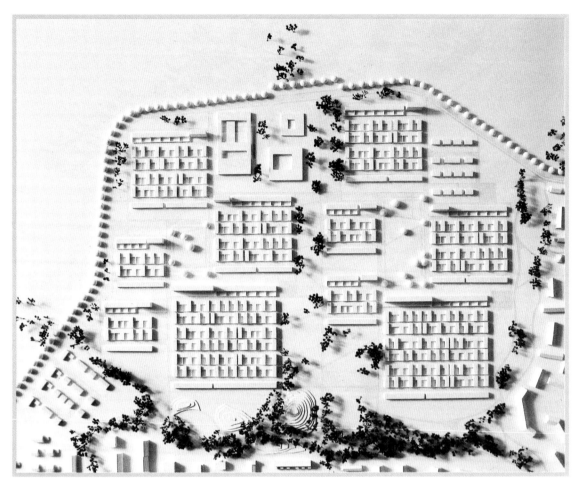

使用白色的模型，利于观众
完全将注意力集中在设计上

 — **Am Bergfeld Residential District**，波英（Poing）/ 慕尼黑，德国

 — keiner balda architekten，菲斯滕费尔德布鲁克（Fürstenfeldbruck）；Johann Berger，弗
赖辛（Freising）

 — www.keiner-balda.de

 — 四等奖

 — 2007 年

 — 城市扩展，居住新区

 — **模型**

 — 城市建筑街区：空间结构 / 地毯式发展

更近距离的观察带来了一个
惊喜：一个完全由乐高积木
做成的模型

模型细节

○ — Watervrijstaat Gaasperdam，荷兰

✎ — HOSPER NL BV landschapsarchitectuur en stedebouw，哈勒姆（Haarlem）

🖥 — www.hosper.nl

🔍 — 鹿特丹国际建筑双年展的一部分

📅 — 2009 年

🗂 — 城市扩展，滨水／水中的居住新区

◈ — 模型

模型表现的尺度越小，创造
一种氛围的机会就越多

○ — Werkbundsiedlung Wiesenfeld，慕尼黑，德国

✎ — Kazunari Sakamoto

🖥 — www.arch.titech.ac.jp/sakamoto_lab

🏆 — 获奖者（城市设计），第二阶段后的一等奖

📅 — 2006 年

📁 — 城市再开发，军用地转化，居住新区

◈ — **模型**

🏷 — 城市建筑街区：点式、高层塔楼

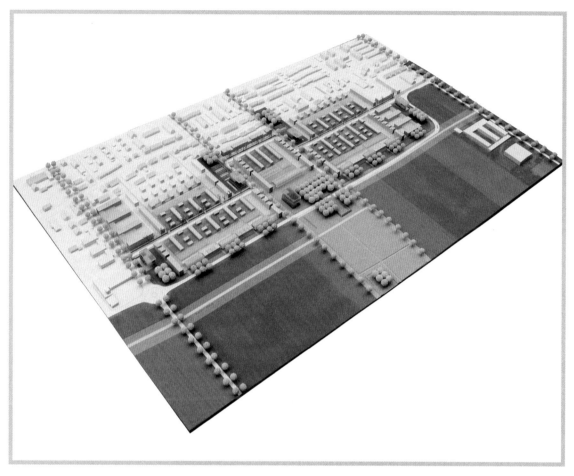

上图，模型和说明性场地方
案完全吻合
下图，说明性场地方案

第 11 章 参数化设计

奥利弗·弗里茨（Oliver Fritz）

参数化设计在城市设计中的潜在应用

奥利弗·弗里茨简介

奥利弗·弗里茨教授，博士，建筑师，出生于 1967 年。自 2012 年以来，他在德国康斯坦茨高等专业学院负责数字传媒和建筑表现的教育板块；自 2005 年以来，他在苏黎世的 Fritz 和 Braach 事务所担任合伙人。他同时也是 KAISERSROT 研究计划的创始人员之一，该计划在凯撒斯劳滕（Kaiserslautern）、鹿特丹、苏黎世等地区进行建筑学、城市设计、计算机科技等领域的研究。2008 年至 2012 年，他在科隆应用技术大学担任 CAD 学、画法几何学教授。奥利弗·弗里茨曾发表过多部与计算机辅助设计和建造有关的著作。

— 什么是参数化设计（parametric Design）？"parametric"这个词语起源于希腊，由"para"和"metron"两个词源组成："para"的意思是"旁边"或者"靠近"，"metron"的意思是"度量"。在一个数学公式中，如果一个变量被一个固定值所代替，那么参数就出现了。在计算机科学中，参数指的是被其他因素定义的变量。参数就像螺丝，它们可以帮助系统根据使用者的意旨或者特定的外部机制来调整系统内的变量。因此，参数能够决定其他变量的特征。

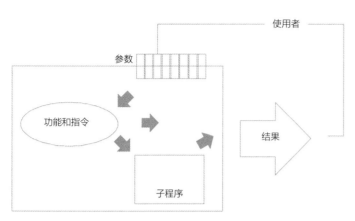

当参数被应用于一种精确的关系时,我们使用参数化。例如,要计算出一将要贷款的房屋的还款计划时,以下的参数是必要的:贷款金额、利率、定期还款金额和还款期限

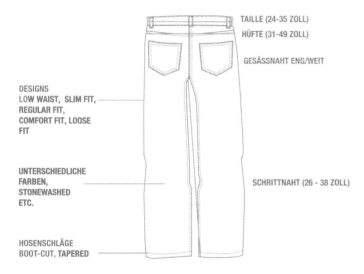

个性化的大众市场产品的原则称为大规模定制:从大量参数中,可以为客户单独配置和制造牛仔裤。这是一个参数对象

事实上,建筑设计和城市设计的过程是涉及了很多参数的,比如说事物的尺度、最小安全距离、颜色、材料等。因此,我们可以把参数化方法融入建筑设计或者城市设计的过程中。

把参数化方法融入设计这个主意事实上已经不新颖了,早在城市规划行业出现的时候,人们就开始做出类似的实践。但是,在今日新时代的背景之下,"参数"这个词语拥有了新的意义。如今,参数的痕迹无处不在,充分渗透进人们的生活。我们使用的每一款软件、每一个智能手机都拥有可以由我们自己设定的参数。我们可以通过参数来设定我们的 Facebook 头像,我们也可以通过网络的设定来定制产品,满足个人特殊的需求。

为了满足航空器行业和机器工程行业对于设计过程的高精度参数化要求,CAD 软件在几十年之前就应运而生。在这款软件里,物体不是被"画"出来的,而是通过程序来模拟变量和相关性,从而"算"出来的。因此,物体的尺度与角度不需要被过早地确定,计算机成为一个交互的工具,能够帮人们最终"拍板"。

对于同一个设计，它的不同可能性和外观可以通过改变一个或者多个变量来迅速生成。类似地，人们能够通过计算机模拟来确定设计方案的可行性。在凯撒斯劳滕（Kaiserslautern）大学的传媒试验性设计 DFG 研究项目中，人们试图探索类似的计算机工具运用在建筑设计和城市规划上的可能性。这个名为 KAISERSROT 的项目团队于 2001 年成立，并与鹿特丹著名的建筑事务所 KCAP 合作。项目团队已经多次在实验室里通过人工智能来尝试生成住房开发策略。项目团队的核心成员——包括建筑师、城市设计师和程序员——由苏黎世联邦理工学院（ETH）与 CAAD 领域相关的教师构成。他们的目标是开发一套交互性的规划工具来使不同规划方案的空间可视化。类似的，世界上还有不少公司和研究机构在进行这样的研究。所以，参数化设计到底是什么呢？事实上，没有一个被所有人认可的概念。但是为了实现参数化，世界上已经存在了多种多样的解决手法，接下来，KAISERSROT 团队的方案将会得到展示。

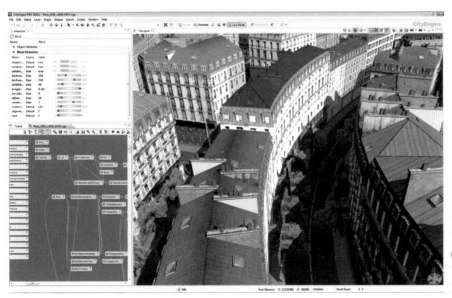

CityEngine 这款软件通过参数和基于一定规则的语法来生成模拟城市，这种城市的特点是以建成的城市为依据的。比如说，使用者可以给一个街区赋予"青年风格派"（Jugendstil）的参数或者 16 世纪威尼斯的参数，那么生成的街区也会拥有类似特征

参数化设计在城市设计中的潜在应用

类型 1　城市设计中的参数化应用：日照间距的管控

现代的城市设计拥有大量的法律规定与要求，因此，控制性规划和方案的设计状态会直接或间接地影响不同地块的管控要求，而这些要求常常会给建筑师或者他们的客户带来麻烦。这些规定涉及交通、视线、功能、建筑机理、建筑高度、建筑颜色和建筑材料等多个方面，而这些多种多样的参数会让地块的设计根据美学特征、社会经济学合理性和生态性等角度得到调整。然而，事实上这些方方面面的要求不一定要成为设计师创造力的"枷锁"，以下案例可以解释这一点。

在 Stadtraum Hauptbahnhof 方案中，苏黎世主火车站周围的地块交由 KCAP 和 KAISERSROT 联合设计。一个占地面积 320000 平方米的新城区规划在了城市中心的轨道附近，未来将给 1200 位市民提供居住环境。这个新的方案要面对两大利益相关方：一方是投资者，他们希望最大化地利用好每一寸土地的价值，高强度开发；另一方是苏黎世市政府，他们特地推出了相关规定来限制开发密度。比如说，市政府提出了"2 小时阴影理论"，以此保证高层建筑每天在居住建筑上投下阴影的时间不超过 2 小时。然而，在规划过程中，人工测量这种投影时间是非常费时费力的，并且容易出错。因此，设计团队希望开发一种动态的、交互的规划方法来平衡利益相关方的权益。这个项目由两条工作线路组成：一方面，在模型中，有人为定义的线框网格，来确定相关建筑的最大高度与建设体量作为一组外部规则。另一方面，还有一套内在的、程序化的规则来限制建筑的高度增长，这涉及光照条件、职住比、

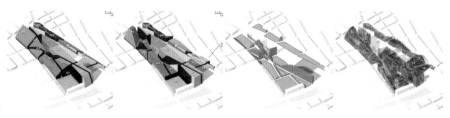

在考虑规划条例的情况下定义新的可能性。KCAP 和 KAISERSROT，亚历克斯·雷纳（Alex Lehnerer）

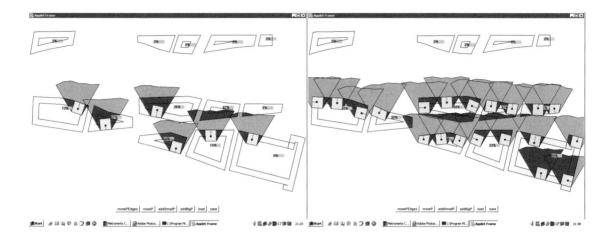

视线条件、不同房屋的比例关系等。这一套"日照计算器"被用作城市高层建筑规划的计算工具。

日照计算器：在苏黎世，高层建筑不能够在居住建筑上每日投影超过 2 小时。KCAP 和 KAISERSROT 开发的软件可以计算阴影时间

类型 2　城市设计中的形式意义参数、生成设计的建模、试验变量

一旦参数被赋予了设计的目的，一种新的生成设计的方式就应运而生。就像机械工程师们使用的经典软件 CAD 一样，设计师们可以把实际物体与数学、几何功能联系到一起，从而生成一个复杂的形状。这种现代化的设计工具最近开始被建筑师所使用，并且开始逐步吸引人们的眼球，而其中最为著名的要数 Bentley 公司的 GenerativeComponents 软件和 Rhino 软件里的 Grasshopper 插件了，这类软件让生成形态变得快速有效，所以追求自由形态的建筑师从这类软件中获益良多。这类软件的性价比很高，效率出众、使用方便，因此很多高校都把这些软件融入了教学设计之中。尽管这些产品拥有不少出众的性能，但它们也有一些缺陷：这些软件由于内在的定义程序有限，所以生成形态的种类也有限，那些扭曲的摩天大楼的形态虽然有时候富有韵味，但是总的来说，这些大楼的形态是可以相互变化的，并且类型平淡无奇。所以，只有通过长时间的尝试我们才会知道参数化设计会朝哪个方向发展。

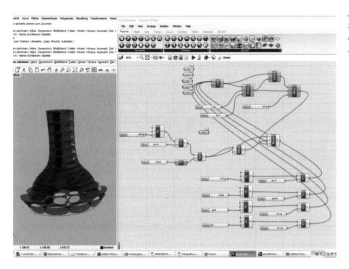

在 Grasshopper 软件中，几何物体可以与相关参数和指令"互动"

类型 3　需求、可能性、交互

在城市规划过程中，还有一种完全不同的方法来运用一些城市设计的各类参数，KAISERSROT 的一些研究项目里就有所体现。与一般城市设计"由上至下"的设计策略不同，这类设计采取了"由下至上"的策略。在这种策略里，

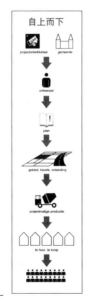

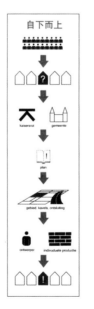

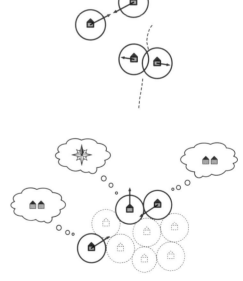

比较方案过程：自上而下和自下而上，寻找符合愿景的解决方案

地块的各类参数由其居民来设定，居民们可以根据自己对地块大小、比例、位置、邻里关系的偏好来设定地块参数，从而操控地块的未来。

这种覆盖多个步骤的手法可以进行如下概括：首先，生成一个完全随机的解决方案，该方案的可行性会被评估，然后再生成另一个方案。如果新的方案的可行性比旧方案更强，那么新的方案将会跟接下来新生成的方案进行下一轮的比较。通过这种反复迭代、反复试错的方法，计算机能够轻松地过滤掉千万个方案，最终会涌现出一个最好的方案。而城市里的多种影响因子就像一个一个磁铁一样，用来定义不同的地段。

因此，这种方法不会生成一种固定不变的结果，该方法生成的结果能够受到不同参数的影响，具有较大的可塑性，并且能迅速地被可视化、得到用户反馈。跟反复、缓慢的人工筛选的方法相比，这种计算机辅助的过程给城市规划和设计带来的新的希望。任何一个策略的影响，从视线的控制到街道的宽度，都能被即时验证、讨论并且分析，从而让不同规划参与方可以较早地权衡方案，进而尽快确认或者否决一项方案。

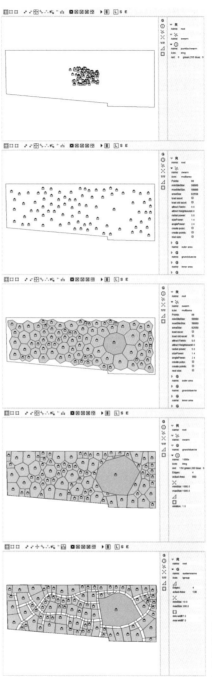

一个典型 KAISERSROT 方案的生产过程：土地的利用方案首先用点来代替，通过不断迭代，并按照客户需求进行调整，得到最终方案

KAISERSROT 开发的这一套软件是一种实现共识的机器，该软件在荷兰的一个住房项目、上奥地利的一个村庄迁置项目和一些废弃农地的房屋建设项目中被运用，作为 VINEX 项目的一个部分，KCAP 参与到了这个软件的实践过程中。

在设计过程中，空间的解决方案总是拥有无限可能，参数化设计能够为这种"无限可能"加上框架，从而将最终的解决方案限定在一定的范围之内。参数化设计方法不是计算机自动运作的，而是由人员精心调控参数、能够帮助人们在茫茫方案里找到最优解的一种辅助方法。

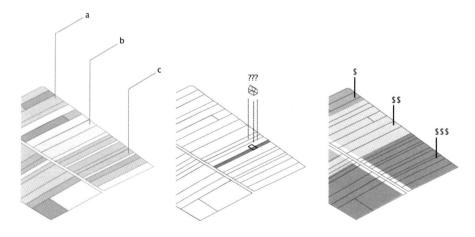

虚拟建筑物布置方案：曾经的农地要建设新建筑。每块土地的长宽比例存在问题，因此，土地和长期邻里的权属结构需要被重新分析

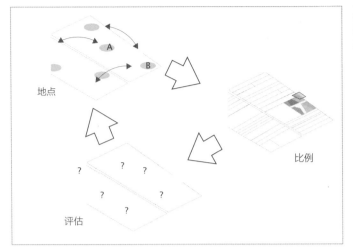

在 KAISERSROT 的方法里，土地按照用户的需求被重新安排，在这一过程中，软件还会考虑开发潜力、土地形状和日照间距等因素

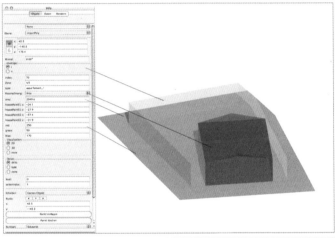

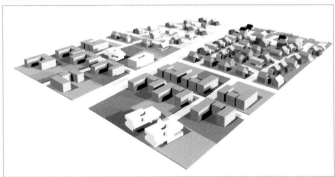

每一个土地的参数可以被单独设定，暂时忽略上位规划的控制。这整个过程仅耗时几分钟，因此在方案讨论会议中，多方能够即时感受方案。
开发方：Fritz 和 Braach，Adaptive Architektur，苏黎世

12

第 12 章 最佳实践案例

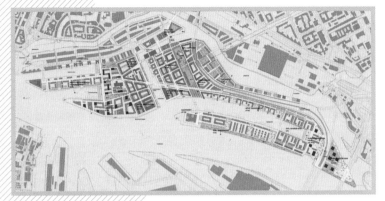

汉堡市港口城，1999 年设计
竞赛

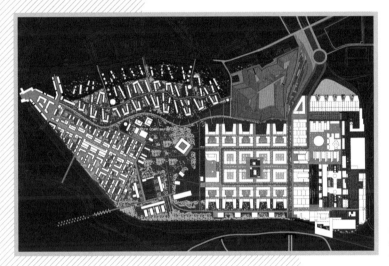

巴伐尔小镇 / 卢森堡，2002
年设计竞赛

图宾根市的南城区，1992 年
设计竞赛

323

西港口城的图景，未来城市的标志物，埃尔菲尔（Elbphil）音乐厅［易此（Elbe）交响乐团大厅］，毗邻历史上的仓库区。在这后面是市中心区，在左边的是阿尔斯特河（Alster lakes）的其中两片水域

12.1 汉堡市港口城（HafenCity）总体规划的发展

马库斯·尼波（Markus Neppl）

马库斯·尼波简介

马库斯·尼斯教授、博士学位、建筑师、BDA，生于1962年，自2003年以来一直担任卡尔斯鲁厄技术学院（KIT, Karlsruhe Institute of Technology）的城市规划和设计系主任，从2008年到2013年担任建筑学院院长至今。从1999年到2003年，他是凯撒斯劳滕（Kaiserslautern）大学建筑与城市设计教授。1990年，与凯斯·克里斯蒂安（Kees Christiaanse）、彼得·伯纳（Peter Berner）和奥立弗·霍尔（Oliver Hall）一起，共同在科隆建立了ASTOC建筑师与规划师事务所，至今仍是事务所的合伙人之一。他无论是在德国国内还是国际上都著作等身，获奖众多。

12.1.1 易北（elbe）河的内部中心

当我们聚焦于汉堡市时，一位内部人士这样告诉我们："汉堡来源于阿尔斯特河与易北河"，这句话说明了城市中两条主要河流的地位。对于汉萨市（Hanseatic）的长期居民来说，沿河岸发展城市的想法并不是很吸引人。港口被认为是工作的地方，而内城则是一个可以观赏风景与被观赏的地方。汉堡历史上的仓库城（Speicherstadt）位于这两个"世界"之间。它是货物的主要重新装载点，因为它是一个封闭的自由港区，所以一般公众无法到达。集装箱航运的广泛采用从根本上改变了整个港口的物流方式。如今，港口已不再用于储存货物，而只是为了尽可能快速地将货物从船舶卸载到火车或卡车上。

在20世纪80年代中期，当时的城市首席建筑主任艾格博特·科萨克（Egbert Kossak）认识到城市设计对这种发展的重要性。在他的领导下，这座城市的政府开始有计划买下易北河南部的土地。在此期间，他采取了多种不同策略。然而，在仓库城南部相对容易获得的土地上，采用西方"珍珠项链"概念的项目在一些建设论坛上被大力鼓吹，这些论坛在汉堡堤坝之门美术馆（Deichtorhallen）举行并对大众开放。当专家们还在讨论的时候，出版商"格里尔 + 贾尔"（Gruner + Jahr）则坦言，在易北河选择新址建设新建筑具有很强的吸引力。这些20世纪90年代项目的经验为港口市规划过程的发展提供了重要的基础。1999年的"总体规划大赛"明确要求要在市中心地区采用小规模的功能混合利用方式。此外，还有一个重要问题，就是这样一个总体规划应该如何运作。人们期待宏大的愿景，但是没有人能够解决所有基础性的现状问题。同时最终，这个项目也应当取得经济上的成功。

12.1.2 规范的引导取代自由发展

因为以上提到的原因，总体规划由科隆的 ASTOC 建筑与规划事务所与来自鹿特丹的 KCAP 建筑与规划事务所组成的联合体共同完成，同时汉堡市的规划从一开始就被认为是分层设置的规则体系。我们没有将最终的设计按建设阶段进行划分，并用规则约束发展方案。相反，设计充分考虑了非常早期阶段的个体结构特征，根据不同区域的不同条件进行规划设计。这意味着管制框架中的第一级内容是由分析决定的，虽然非常粗略，但是在后面的两个层级中不断细化：

- 第一级：总体规划作为基础规划文件；
- 第二级：总体规划条件——港口城西部与晚期东部；
- 第三级：社区部分的规划发展，各类实验性城市设计；
- 通过大量建筑师——投资者联合的设计竞赛安排设计成果购买选择（交接期）。

在得到发展前，港口、军事基地和铁路地区存在的首要问题是，它们缺乏与周边城市结构的联系，或者可以说它们之间的联系是糟糕的。此外，码头的几何形态原本是为了满足物流功能而设计的，但很难利用一般性的城市结构和法制规则来发展该地区。因此，如果你想按照经典的城市设计原则来开发这些区域，你很快就会得出这样的结论：场地的几何形态非常糟糕，无法创建具有连续性的城市结构。

12.1.3 总体规划

因此，规划的基本原则必须解决链接和元结构的两个基本问题，并且必须以最简单的方式来沟通这些元素。独立城市建设街区的定义取决于本地的实际情况：

- 建设区域的几何形状和大小；
- 与现有结构相连接的区位条件与潜力；
- 与水环境的视觉联系和定位；
- 与基础元素的可能联系；
- 特殊的程序化要求；
- 雨洪控制和高效、充足的获取方式。

在这一阶段，城市设计的主要任务是，从基本的城市结构中提取特定的城市特质，另一方面，保证与邻近的社区的联系。

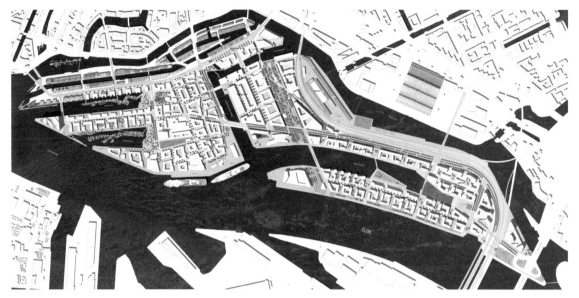

港口城将拥有 6000 套公寓，拥有 1.2 万名居民、4.5 万个工作岗位、众多餐馆和酒吧、文化娱乐设施、零售商店以及公园、公共广场和步道

12.1.4 总体规划的条件

由于总体规划被汉堡市参议院采纳为正式文件，许多细节问题无法被考虑清楚，因为随后的变化只有通过获得政治解决才能实现。这意味着总体规划最初是由两个部分组成的。被正式采用的规划应当是相对抽象的、普适的，而说明性的规划仅仅应当作为非正式的附件。

在随后的要求阶段，最初被搁置的问题在与所有利益相关方参与的安排紧凑的研讨会中得到解决。思考的重点被放在功能的分布上，以及各类功能如何实施。在这一阶段还会进行更多的试验，尤其是在汉萨市，政府全资拥有的房地产公司现在对具体的设计很感兴趣，以便为后续的营销活动做准备。

GHS 公司（后来的汉堡市港口城股份有限公司）负责所有的规划服务，而建筑主管部门，在首席建筑主管的个人领导下，根据规划法控制规划的编制与实施。因此，ASTOCK 和 KCAP 两家公司组成的总体规划编制联合体不断地在房地产公司的经济利益、建筑权威的城市设计目标和公众对具体形象的渴望之间寻找平衡。在这一阶段对该层级的总体要求是一项重要工具，使得视觉展现在一开始是相对暂定的，但是对各种功能类型和基础事务的回应则通过特定方式不断被定义。根据不同的开发方案，严格地组织起了这个要求阶段的工作方法体系。当在桑德托凯（Sandtorkai）的沙门码头设计师已经开始讨论具体的建筑尺寸时，在达尔曼凯码头（Dalmannkai）设计的关键仍是确定主要进入路线的位置，而在斯特兰凯（Strandkai）问题则可能是天际线的影响。在不同的尺度上同时进行工作，要求各方都具有高度的灵活性。

12.1.5　社区规划发展

进一步规划的重点很快就被放在了位于桑德托凯/达尔曼凯（Sandtorkai/Dalmannkai）的社区住宅区，这里以前是物流运输用地，也是马格德堡（Magdeburg）港口的中心部分。 在各竞赛和研讨会上，总体规划和相关过程要求再次受到广泛质疑，并面临修正后的使用者要求和影响基础设施的法律约束。在那个时候，很明显的是在所有地方为发展、基础建设和防洪的必要措施所付出的代价都是昂贵的。因为所有的土地价格都是直接与最大开发量和可建设的楼层面积相挂钩的，所以开发建设的多是大型的建筑组群，因为小面积的单元很难提供相应的停车空间。在第一个建筑阶段，大约面积为5000—6000 平方米的建设几乎是自发形成的。为了达到一种更小尺度内的功能混合，几个建筑组团通过达尔曼凯的建筑基座被连接起来，以达到停车与防洪要求。

12.1.6　用地分配

地块大小和建筑数量在有约束力的土地使用规划中确定之后，对独立的建筑地块进行招标,招标对各个投资方开放。伴随着被称为"交接期"的过程，即一种固定周期的不动产买卖方案，各种建筑设计竞赛在此过程中开展。

这一程序在开放规划过程以及运作透明度方面具有优势。分别协商避免了个别开发商与投资者之间的摩擦，避免了各方之间的艰难协调。然而，第一个完成的项目表明，如果建筑咨询能在这个过程中变得更好、更少妥协，

2009 年，桑德托凯 / 达尔曼凯区成为港口城第一个完成建设的社区。麦哲伦（Magellan）台地成为当地很受欢迎的聚会场所，从这里可以看到整个沙门港（Sandtor dock）

它将有益于整个社区的整体吸引力提升。那些要求以一种非常放松和自信的方式来实施建设的建筑，看起来非常令人愉悦，令人耳目一新，而"原来"的建筑则显得特别笨拙和虚伪。

12.1.7　历史视野和实际缝补

一开始，总体规划被批评为过于务实，不够创新。批评人士指责它没有对当代欧洲城市的扩张做出富有远见的回应。来自汉堡的杰出的同事们展示了他们的理想愿景，并大张旗鼓地宣传。仅凭它们的规模，部分看似理想的"愿景"可能使港口城的发展更有可能受到损害。

总体规划从未试着假装自己就是一切问题的答案。这项规划是本地发展的催化剂，绝非对固定形象的努力维持，一旦设计妥当，就需要大量的投入与限制手段来保证实施。这项规划设计存在的过程中（自 2000 年以来），它展示了它所描绘的城市轮廓如何被不断强化与实现，而不是被新的规划设计产生的影响所冲淡。赫尔佐格与德梅隆（Herzog & de Meuron）所设计的

达尔曼凯步道处的城市风貌

爱乐音乐厅是港口城西部最富有想象力的户外设施空间，清楚地展示了我们所说的城市规划的"刺激战略"的意义。

监管框架既不是法律，也不是司法法规。它更多的是为所有参与计划的各方制定的行为准则。除了经济和规划工具之外，最重要的是沟通方式，其最终决定了规划的质量。

12.1.8　绿色城市还是二氧化碳中立?

在许多这样规模的城市设计项目中，在发展过程中改变相应的政治或社会发展目标是司空见惯的事情。如果一位记者今天问，为什么港口城可以发展成是一座绿色城市，没有人能否认绿色作为最初的规划设计目标之一的作用。这意味着对任何规划设计的持续更新至关重要。因为有了清晰的社区发展的定义，新出现的与当前的很多问题就总能够在无须挑战基本共识的情况下被合并解决。

因此，当港口城东部的总体规划得到更新时，与十年前相比，议程上的问题已经完全不同了。举例而言，在奥伯哈芬（Oberhafen），老的建筑被建议保留下来，以低成本支持创意环境的发展。在巴肯哈芬（Baakenhafen），人们通过建立自组织的团体来寻求更低的价格区间。对连续的开放空间和可使用的滨水空间的需求也大大改变了规划。

与以往一样，无论如何，所有的新目标和主题都被仔细考虑。每一项新活动都要遵循最高的能源标准，并根据可持续城市发展的评估方案，对每一个步骤进行评估。不同的主角必须有证据表明它们坚定地追求一种现代的、世界性的，但又具有汉堡市历史传承的扩张目标。这也许就是通向成功的钥匙。

今天没有人可以肯定地说，这个精心策划的港口城规划设计在未来是否真的会留下任何可见的痕迹。港口城的成功最终取决于汉堡市民对它的接受程度，然后我们将了解它是否会成为像阿尔托纳（Altona）或埃彭多夫（Eppendorf）这样充满活力的地区，又或者是否会像城市南部的项目一样，沦为一种权宜之计。

马可波罗的台地，以及它们的草坪和木平台，目前是港口城最大的公共空间

阿尔泽特河畔埃施（Esch-sur-Alzette）的新区是近来才形成的，这里的钢铁生产一直延续到 20 世纪 90 年代

12.2　从钢铁厂到城市：贝尔瓦尔小镇（Beval），卢森堡

罗洛·弗特勒（Rolo Fütterer）

罗洛·弗特勒简介

　　罗洛·弗特勒教授、博士学位、建筑师，生于 1963 年，自 2008 年以来，在凯撒斯劳滕大学的应用科学学院教授城市设计和开放空间规划。自 2010 年开始，他就是卢森堡 M.A.R.S 办公室（大都会建筑研究工作室）的创始成员之一。从 2000 年到 2002 年，他曾在马斯特里赫特市（Maastricht）的乔·科内恩建筑师事务所（Jo Coenen & Co Architects）任董事，并在 2009 年担任卢森堡的首席执行官。罗洛·弗特勒在城市设计师和其他职位上为诸多德国国内外城市提供过建议，他在卢森堡的贝尔瓦尔担任过总规划师。自 2011 年以来，他一直担任德国可持续建筑委员会（DGNB）的审计师，就城市地区问题进行审核。

12.2.1 背景

通过对卢森堡的简要分析，可以更好地解释位于卢森堡南部的贝尔瓦尔项目的起源。这个国家的南部仍然受到煤炭、钢铁和钢铁工业的严重影响，这些工业可以溯源至 20 世纪 50 年代。

在社会结构调整的道路上，贝尔瓦尔扮演着重要的角色。首先，在这里建立起了教育机构（大学和研究实验室）；其次，在这里将创建一个与卢森堡市相对应的城市，以补充可用的办公空间。为了达成明智的空间混合利用，相当比例的各类生活服务设施被锚定在空间项目中。这种空间混合利用是发展的基本原则，因为过去在卢森堡也显示过，如果仅仅是办公空间的堆叠，城市功能结构过于单一会引起城市吸引力的下降。更严重的是，通勤者的比例将会大大增加，尤其是在卢森堡，这将导致交通问题。因为当地的公共交通系统还不具备可接受的服务水平，而且因为燃料价格较高也限制了私人交通的发展。由于有限的可建设用地资源造成了当地房价高企。

因此，贝尔瓦尔的规划势必要解决这些问题，为城市的发展寻求解决问题的方法。此外，这是一个与工业用地处理有关的复杂问题，如何处理好工业遗产也在考虑之列。

在贝尔瓦尔的案例中，两座炼铁高炉被宣布为工业标志。由于它们突出的形象与超过 70 米的高度，使得它们必然成为这一地区的历史核心要素。不

前工业设施的一部分作为地标性建筑保存下来，成为贝尔瓦尔的象征

同于弗尔克林根（Völklingen）钢铁厂，在这里，人们追求一个简单的博物馆概念，对于贝尔瓦尔来说，人们认为历史建筑是一个新城区独特的标志性特征。在 2000 年对外公布设计竞赛时，两座"巨人"附近的混合城市社区中建有面积总量为 100 万平方米的建筑，当前的总体规划拟将其扩展至 130 万平方米。

12.2.2　概念

如果你去分析场地的现状环境，您很快就会意识到该区域拥有大量的基础设施。因此，紧凑性和开发效率是本次城市设计理念的基本出发点。新贝尔瓦尔区将拥有环绕高炉建设得更加紧凑的核心区，周边地区的建筑紧密地依附于系统化的街道网络。此外，规划方案旨在通过协调的过渡，建立新开发地区与周边小尺度建筑更加紧密的关系。

这些次级分区都是由贝尔瓦尔的中央公园连接和分隔开的。该公园是之前提到的城市居住区合理布局逻辑下的结果，并且与垃圾填埋场结合在一起[圣爱普利斯高地（Plateau St. Esprit）]，形成一系列不同类型的绿地。这些措施将保证该地区的主要绿色通道得以存在。

在该主要场地上，设计基于对钢铁生产时代众多人造设施的融合。为了达到这一目标，两座高炉没有被作为场所感的唯一载体；其他的元素也被融合在一起，以共同创建一个"构筑物长廊"。这样的做法保存了钢铁工厂场地的原有特征。钢铁厂场地原有的场所感与现状被保存了下来，并与铁路沿线的混凝土支柱共同作为展示遗址历史的方式。连同巨大的烟囱、烧结矿池和废气燃烧器，"历史的元素"都已经就位。

贝尔瓦尔包括四个地区：前景中是钢铁高炉（Hochofen-terrasse），它象征了多彩的文化，融合了教育、住房和工作场所。背后是贝尔瓦尔 1 平方英里的居住与商业混合区。背景是绿意盎然的夸蒂尔·贝尔瓦尔（Quartier Belval）和帕克·贝尔瓦尔（Parc Belval）两片居住区

12.2.3　建在月亮上

将规模如此庞大且不适宜居住的地区改造为包容大量城市人口的地区需要特别的增长策略与分阶段计划：独立的簇群都将获得重新定义的开放空间，将作为一个吸引人的空间，在公共领域构成一种强大的符号，从而通过为积极的投资者创建新的有吸引力的环境将各类建设活动集中于此。这些前期的和引导性的投资也有必要在公私合作的原则下（PPP）给予充分的支持。

通过工业文化要素与对现有城市空间的安排，最重要的设计特征与集群化的增长策略得以定义。公众探访的方式被布局为连续的路径，进而在视觉上提升和突出沿线具有特色的工业要素。从而纵向与轴向的视觉体系被建立起来，将高炉、盆地和烟囱作为城市新空间的重要元素融合在一起。这源于对溯源性的需求，这种需求在被人群挖掘并赋予生命的地区更加强烈。

12.2.4　从规划到现实

将工业要素与新的城市空间联系起来的主题理念很容易出现，并且得到所有决策者的认同，就像利用地形与建筑环境去创造有差异性的居住区一样。因此，场地的特性在特大程度上被迅速找到，又不会剥夺下一步规划的任何维度。由于该地区以前与外部世界完全隔离，使当地居民对那里仍然存在着极大的好奇。总的来说，在发展当地居民祖先曾工作的场所时，又保留历史痕迹的做法得到了广泛的支持。

景观和交通的问题已经融入竞争中，所以基本的道路系统没有必要发生重大的变化。因此，竞争中需要被考虑要素所组成的矩阵可以被进一步细化。

至关重要的是取得建设的权限。与此同时，投资者的初步调查以一种富有建设性的对话形式开展，以避免对他们的投资意愿形成任何现实限制。

对我来说，在其中扮演了监督者的角色。我在多个欧洲规划体系中供职的经验在这里成为对发展最优规划而言的重要资产，这种经验包括正式（法律）和非正式（对话、建议）两类。

最终各种建议集合而成的一本目录，使用参考意向图的形式展现，并在城市设计手册（Manuel Urbanisme）与景观手册（Manuel Paysage）中加以总结。它的目的是建立一种与视觉外观和材料使用相关的准则，用于保证社区的开发。这对房地产行业来说是具有很强的诱惑力，因为周边环境对房产的价值至关重要。从这一方面来看，这种对话关乎去融合创建一种平衡的社会文化环境，或者是帮助创建相似的环境，这对于房地产资金如何从另一个角度看待回报率十分重要。开发商与政府职能部门的紧密合作与协调相当关键，因为各种要求和建议相互补充，最终需要反映在法定基础上的建筑许可证中。

12.2.5 质量保证程序

利用强有力的公共空间去组织簇群的理念，并举办一场设计竞赛来征集中心广场（原钢铁厂场地）的设计方案。一系列的设计可以更好地阐释未来希望达到的发展目标和居住品质。政府计划建设建筑物的设计方案也将通过竞赛来选出。

举办竞赛的建议也是针对私人投资者提出的，他们也在一定程度上遵守了这一规定。对任何规模或相关性的建筑执行这一程序是不必要的。在这种联系中，值得注意的是，在缺乏整体场地开发商（AGORA）竞争的情况下，因为根据相对独立设计方案进行开发的房地产商难以把握总体规划的意图，故需要与总体规划的制定者保持更有力的联系。

12.2.6 当前状况

对场地总体的描述中已经多少介绍了核心主题的内容。钢铁厂周边街区得以继续利用。共有产权公寓以最高标准进行建设。在贝尔瓦尔北部区域，从一开始就备受质疑的V字形街区，如今已经完工并入驻相应功能。对北部区域进行联合管理、联合维护的理念也得以实施。边界地带与独立地块之间的地带被规划设计成了宽敞、富有流动性的景观空间。此外，建筑和私人拥有的室外空间之间的连接空间也在设计上得到了规范。

对 Hochofenterrasse 中心区进行的其他设计竞赛与重构可以很容易地整合入总体规划的现有基本结构中。

相对高度规则的基本几何形构图已经被证明是成功的，从一开始在项目的运作过程中放松管制比建立新的规则更加可行。城市中基本几何形布局的适应性得到了证实。

钢铁场（l'Académie）是 Hochofenterrasse 区的中心，并将大学与火车站连接起来

洛雷托（Loretto）区的城市多样性

12.3 市民创建城市：图宾根市（Tübingen）的南城（Südstadt）区

莱昂哈德·申克（Leonhard Schenk）

"卫队营不复存在！"20 世纪 90 年代初法国军队的撤离对于这座德国西南部约 88000 名居民的城市来说是出乎意料的，但并非对此全无准备。在德国边境陷落之后不久，一场政治家和行政官员组成的圆桌会议在市政厅召开，讨论城市的未来发展问题。随着法国驻军的弃城而去，以及交通部正在考虑将本地一条联邦高速公路从南城区（Südstadt）换线为隧道，突然之间城市发展出现了全新的机遇。

12.3.1　政治意愿的问题

安德烈亚斯·费尔德凯勒（Andreas Feldtkeller）时任城市重建办公室主任，对图宾根旧城进行了成功的修复，并提议在最近空出的兵营中开发新的城市建筑。此后不久，费尔德凯勒得到了该市的第一位女市长加布里埃尔·史蒂芬（Gabriele Steffen）和副市长克劳斯·布兰克（Klaus Blanke）的支持，他成功地得到了对城市与城市住房模式改革的广泛政治支持。

城市中的这些场地并非是可以不负任何费用进行处置的，因为这些场地的拥有者是联邦德国政府。几个月前，一种刚刚被重新引入规划法的工具——城市发展措施，提供了解决这个问题的方法（1987 年修订的联邦建筑法规废除了这一制度，但在 1990 年德国重新统一的过程中被重新引入）。市政府通过城市发展措施的实施，使其能够为满足公共利益和"住宅和工作场所的需求增加"来获取资产用于购买等价的未开发土地；如果财产所有者不愿意合作，可以在必要的情况下对其进行补偿。

1991 年 3 月，市议会通过了一项决议，成为同年 6 月发起城市设计竞赛的基础。决议要求：

• 高密度的、功能混合利用的城市地区，具有小尺度的街区和市中心的特点；

• 混合的对象既是对住房与工作空间的混合，也是对社会与文化体系的混合；

• 多种多样的住房形式以适应各种不同的目标群体；

• 混合新建筑与历史建筑以增强吸引力；

● 适用于日常生活的街道空间；

● 环境友好型的环境意味着交通体系具有优先地位，同时中心地区的停车场可以分担公共空间的压力。

12.3.2 竞赛

我们这一群青年建筑师来自莱伦德雷登建筑与城市规划事务所（LEHEN），被任务所驱动。任务中的项目与我们的经历与信仰相联系，关乎我们所选择的生活与工作方式，这种选择只能存在于现代化的城市区域中，而非历史区域。然而，不仅是这些目标吸引了我们，而且竞争文件也包含了大量关于城市发展的内容。[1] 来自柏林的城市规划师迪特尔·霍夫曼·阿克塞尔姆（Dieter Hoffmann-Axthelm）在他的文章中描述了为什么未来的城市规划势必实施于单独或是多个独立的地块上。对于霍夫曼·阿克塞尔姆来说独立的地块是布局的基本单位，是一种功能单元（对混合功能同样适用），也是城市生态的基础。此外，他将土地上的建筑物看作一种社会单元、一种历史记忆单元和一种感知单元。即使是因为默写单元的缺失或失败，也不会导致整个系统的崩溃。霍夫曼·阿克塞尔姆谈到"城市的能力"，其应当是一种稳定的网络允许个人维护和坚持自己，并得出结论：无论是现代主义的住房还是生活设施都无法满足这一定义。

既然如此，那么我们任重而道远。我们发现被铁路和内卡河（Neckar River）从老城分割开来的南城区，是各种各样城市碎片和用地的拼凑物。诚然 19 世纪晚期繁盛时的斯特恩广场（Sternenplatz）附近的邻里区域小而富有吸引力，但是却难以满足今时城市中心的需求。区域由二战后法国军队的两座兵营组成，后来由市政公用设施、无数私人商业机构、温菲尔德（Wennfelder）花园居住区组成，这里的建设为的是安置二战后流离失所的人群，德国 B27 号联邦高速公路横穿该地区。对于给我们的竞赛要求，我们使用了具有清晰划分的地块和混合使用的地块，这些地块的规划基于它们各自的现状特点。20 世纪 30 年代的兴登堡（Hindenburg）军营提供了一个机会，将建筑体块整合到大约 100 米宽的大阅兵场中，并为该场地引入中心轴线——一条横穿场地的法式小道。在洛雷托（Loretto）兵营，一个长条

1 Dieter Hoffmann-Axthelm, "Warum Stadtplanung in Parzellen vor sich gehen muss," *Bauwelt*, no. 48（1990）, pp. 2488–91.

形的广场被植入该地，成为南城区中主要的城市会合点。为了建立两座兵营地区之间的联系，我们建议升级斯图加特大街（Stuttgarter Straße）为链接广场群的林荫大道，东端为方形广场，西端则是圆形广场。在他们的声明中，竞赛评委会称赞其为"高水准的城市标识"、"独特的空间边界"和"形态多样的广场和街道空间"。此外，他们突出强调了我们大胆的城市设计"敏锐地反映了现状特征"，城市公共空间与绿色空间被妥善布局，同时公共开放空间与私人空间在街区内部被很好地混合在一起。

12.3.3　从规划到现实

为成功实施城市设计的理念，莱伦德雷登建筑与城市规划事务所和市政改造办公室通力合作，制定了城市设计的总体方案。其中包括城市设计自身的内容，这些内容在日后被进一步发展，同时还包括确定的目标和基本规划原则。竞赛所提出的原有目标进一步分化，程序步骤、投资和公众参与的性质都得到了具体化。对城市设计大量的修改是必要的：在有限的预算中，为

法式广场上曾经的坦克棚屋，今天成为体育和事件活动的有顶区域

了社会、文化和商业用途而保留了更多的现有建筑，公共空间得到了完善。同时曾经在竞赛模型中被抽象表现的城市街区，如今被描绘成了众多个体建筑组合起来的多彩集合体。由于大量的修改，竞赛中的严格的空间概念被证明具有极强的弹性。

具有法律效力的土地利用规划源自与莱伦德雷登建筑与城市规划事务所（LEHEN drei）合作的研究过程中，对总体规划的发展，并伴随着针对公共空间进行的相关公众参与。特别是停车产生了极大的困难。小尺度地块的建

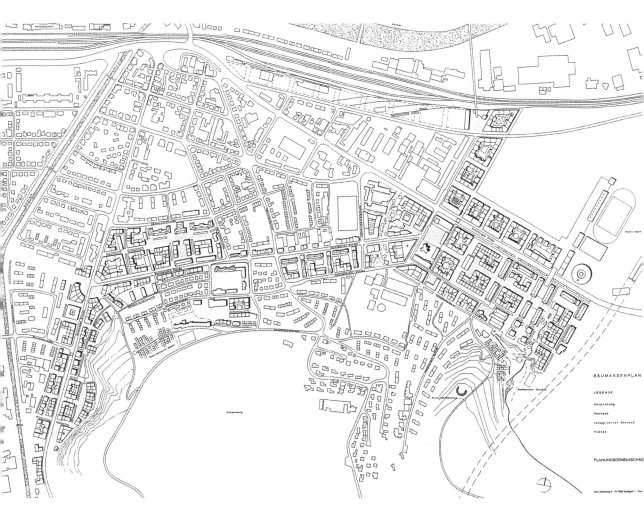

总体规划展示了小尺度划分的城市结构。左边是洛雷托区（Loretto Quarter）；右边是（French Quarter）

设不应被无法保证停车空间这一问题所阻碍，但是因为城市密度问题和地块内公共空间大量的人流，这一问题无法回避。理想的情况是人们到达私家车的距离应与到达本地公共交通站点的距离相近。因此，停车场应当分散布局，并由私人公司或市政经营公司建设。人们寄希望于节省空间的机械停车设备。这一技术解决方案被证明是过于复杂而难以实现。然而，在发展的最终阶段情况发生了变化，分散在街区内部庭院中的共享的、传统低技术的地下停车场解决了问题。为了解决问题，市政房地产办公室打破了新的法律限制，并提供了必要的技术支持。

一处典型的城市街区便是法式广场所在地块：设计方案中红线用以划分土地，蓝线则表示公共与私人庭院的位置，并可以直接与建筑相邻

新的功能混合利用区域得以实现，归功于自组织的合作团体（Baugruppen）

12.3.4 由市民建设的一座城市

市政再开发办公室很早以前就认识到，他们想要的小规模混合使用很难由房地产开发商来实现。根据总体规划，应当更多地将地块赋予图宾根的市民。所以这座城市遵循了即使在今天也仍为较新颖的准则，模块（Baugruppe）——通过私人用户与建筑师自发的合作工作去建设自有的、独立的住宅。人们购买房地产的前提条件是，业主不仅要为自身的使用建设房屋，还要在建筑的首层留有一定规模的房屋用以出租或留作自用的商业空间，通过这样的做法为本地振兴做出贡献。采用模块方式建设的业主在寻找合适的、潜在的合作伙伴和商业租户时，会获得市政重建办公室的广泛支持。

最初，图宾根的居民对建筑合作的方式进行了严厉的斥责，但在 1997 年，第一批建筑完工后，一个充满活力的阶段开始了，以致最后，申请采用该方式建设的申请者数量已经多于可供建设的地块。

在非常狭小的范围内存在过于多样的建筑形式总是被建筑批评家们所诟病，他们绝对化地抨击这样的地方色彩过于丰富、杂乱无章。然而，图宾根的南城区却成为成功的案例，这特别得益于"模块"（Baugruppen）。经验说明，新的城市结构局部可以成功地通过"模块"方式实施。同时，对于一些小尺度结构，"模块"方式可能是唯一的出路。然而，也许最重要的成功因素是，尽管部门领导、司法辖区、政治多数派和职员甚至是市长更替，图宾根的座右铭"从居住区走向一座真正的城市"保证了本地超过 20 年的稳定发展。甚至，与此同时图宾根城遵循南城区的发展准则还通过建筑协作在后工业化的棕地上开辟了一片新区，另一新区也正在建设之中。

12.3.5　作为范式的南城区

德国与国际上对于图宾根模式保持了空前的兴趣。该项目已经获得了许多奖项，包括德国斯塔德波普莱奖（Städtbaupreis，德国城市设计奖）和欧洲城市与区域规划奖。几年前，荷兰阿尔默勒市（Almere）的一个代表团访问了南城区，期待为他们自己的新区建设找寻灵感，他们对"模块"的启动和实施的方式感兴趣。在一场共同的对话中，客人们清楚地认识到，"模块"可以作为一种有韧性的发展工具，但最根本的问题仍是创造新的城市结构。因此，2009 年底在阿尔默勒的 cASLa 建筑中心举办的展览被称为："图宾根——阿尔默勒市的范例：一切事关城市"。

参考文献

Albers, Gerd. *Stadtplanung: Eine praxisorientierte Einführung*. Darmstadt: Wissenschaftliche Buchgesellschaft, 1988.

Aminde, Hans-Joachim. "Auf die Plätze . . . Zur Gestalt und zur Funktion städtischer Plätze heute," in *Plätze in der Stadt*. Edited by Hans-Joachim Aminde. Ostfildern: Hatje Cantz, 1994, pp. 44–69.

Aminde, Hans-Joachim. "Plätze in der Stadt heute," in *Lehrbausteine Städtebau*, 2nd ed. Edited by Johann Jessen. Stuttgart: Städtebau Institut, 2003, pp. 139–49.

Benevolo, Leonardo. *History of the City*. Translated by Geoffrey Culverwell. London: Scolar Press, 1991. Originally published as *Storia della città* (Rome: Laterza, 1975).

Bott, Helmut. "Stadtraum und Gebäudetypologie im Entwurf," in *Lehrbausteine Städtebau: Basiswissen für Entwurf und Planung*, 6th ed. Edited by Hans-Joachim Aminde, Johann Jessen, and Franz Pesch. Stuttgart: Städtebau Institut, 2010, pp. 145–54.

Bürklin, Thorsten, and Michael Peterek. *Urban Building Blocks*. Basel: Birkhäuser, 2008

Ching, Francis D. K. *Architecture: Form, Space, & Order*. New York: Wiley, 1979.

Curdes, Gerhard. *Stadtstruktur und Stadtgestalt*. Stuttgart: Kohlhammer, 1997.

Fehl, Gerhard. "Stadt im 'National Grid': Zu einigen historischen Grundlagen US-amerikanischer Stadtproduktion," in *Going West? Stadtplanung in den USA—gestern und heute*. Edited by Ursula von Petz. Dortmund: Institut für Raumplanung, 2004, pp. 42–68.

Fischer, Anna-Maria, and Dietmar Reinborn. "Grün und Freiflächen," in *Lehrbausteine Städtebau*, 2nd. ed. Edited by Johann Jessen. Stuttgart: Städtebau Institut, 2003, pp. 119–38.

Herrmann, Thomas, and Klaus Humpert. "Typologie der Stadtbausteine," in *Lehrbausteine Städtebau*, 2nd. ed. Edited by Johann Jessen. Stuttgart: Städtebau Institut, 2003, pp. 233–47.

Hoffmann-Axthelm, Dieter. "Warum Stadtplanung in Parzellen vor sich gehen muss," *Bauwelt* no. 48 (1990): 2488–91.

Howard, Ebenezer. *Garden Cities of To-morrow*. Cambridge, MA: MIT Press, 1965 (orig. publ. 1898).

Humpert, Klaus, and Martin Schenk. *Entdeckung der mittelalterlichen Stadtplanung: Das Ende vom Mythos der gewachsenen Stadt*. Stuttgart: Konrad Theiss, 2001.

Knauer, Roland. *Entwerfen und Darstellen: Die Zeichnung als Mittel des architektonischen Entwurfs*, 2nd. ed. Berlin: Ernst & Sohn, 2002.

Kostof, Spiro. *The City Shaped: Urban Patterns and Meanings Through History*. New York: Little, Brown, 1991.

Kostof, Spiro. *The City Assembled: The Elements of Urban Form Through History*. New York: Little, Brown, 1992.

Krause, Karl-Jürgen. "Plätze: Begriff, Geschichte, Form, Größe und Profil." Dortmund: Universität Dortmund, 2004.

Krier, Rob. *Urban Space*. New York: Rizzoli, 1979. Originally published as *Stadtraum in Theorie und Praxis an Beispielen der Innenstadt Stuttgarts* (Stuttgart: Krämer, 1975).

Le Corbusier. *The Athens Charter*. Translated by Anthony Eardley. New York: Grossman, 1973.

Lynch, Kevin. *The Image of the City*. Cambridge, MA: MIT Press, 1960.

Machule, Dittmar, and Jens Usadel. "Grün-Natur und Stadt-Struktur: Chancen für eine doppelte Urbanität," in *Grün-Natur und Stadt-Struktur: Entwicklungsstrategien bei der Planung und Gestaltung von städtischen Freiräumen*. Edited by Dittmar Machule and Jens Usadel. Frankfurt am Main: Societäts, 2011, pp. 7–17.

Metzger, Wolfgang. *Laws of Seeing*. Translated by Lothar Spillmann. Cambridge, MA: MIT Press, 2006. Originally published as *Gesetze des Sehens* (Frankfurt am Main: Kramer, 1936).

Mitreden, mitplanen, mitmachen: Ein Leitfaden zur städtebaulichen Planung. Wiesbaden: Hessisches Ministerium für Wirtschaft, Verkehr und Landesentwicklung, 2001.

Pyo, Miyoung, ed. *Construction and Design Manual: Architectural Diagrams*. Berlin: DOM Publishers, 2011.

Reinborn, Dietmar. *Städtebau im 19. und 20. Jahrhundert*. Stuttgart: Kohlhammer, 1996.

Richter, Jean Paul, ed. *The Notebooks of Leonardo Da Vinci: Compiled and Edited from the Original Manuscripts*, vol. 1. Mineola, NY: Dover Publications, 1970.

Rubin, Edgar. *Visuell wahrgenommene Figuren*. Copenhagen: Gyldendal, 1921.

Schumacher, Fritz. *Das bauliche Gestalten*. Basel: Birkhäuser, 1991 (orig. publ. 1926).

Sitte, Camillo. "City Planning According to Artistic Principles," in *Camillo Sitte: The Birth of Modern City Planning*. Translated and edited by George R. Collins and Christiane Crasemann Collins. New York: Rizzoli, 2006, p. 182f. Originally published as *Der Städte-Bau nach seinen künstlerischen Grundsätzen* (Vienna: Gräser, 1889).

Sitte, Camillo. "Greenery within the City," in *Camillo Sitte: The Birth of Modern City Planning*. Translated and edited by George R. Collins and Christiane Crasemann Collins. New York: Rizzoli, 2006, p. 299f. Originally published as *Der Städte-Bau nach seinen künstlerischen Grundsätzen, vermehrt um "Großstadtgrün"* (Vienna: Gräser, 1909).

Stübben, Josef. *Der Städtebau*. Stuttgart: A. Kröner, 1907.

Topp, Hartmut H. "Städtische und regionale Mobilität im postfossilen Zeitalter," in *Zukunftsfähige Stadtentwicklung für Stuttgart: Vorträge und Diskussionen*. Stuttgart: Architektenkammer Baden-Württemberg, 2011, pp. 38–45.

Unwin, Raymond. *Town Planning in Practice: An Introduction to the Art of Designing Cities and Suburbs*. London: T. Fisher Unwin, 1909.

Vercelloni, Virgilio. *Europäische Stadtutopien: Ein historischer Atlas*. Munich: Diederichs, 1994.

Vitruvius. *The Ten Books on Architecture*. Translated by M. H. Morgan. New York: Dover Publications, 1960.

von Ehrenfels, Christian. "On 'Gestalt Qualities,'" in *Foundations of Gestalt Theory*. Translated and edited by Barry Smith. Munich: Philosophia Verlag, 1988, p. 106. Essay available online: ontology.buffalo.edu/smith/book/FoGT/Ehrenfels_Gestalt.pdf

von Ehrenfels, Christian. "On Gestalt Qualities (1932)" in *Foundations of Gestalt Theory*. Translated by Barry Smith and Mildred Focht. Edited by Barry Smith. Munich: Philosophia, 1988, p. 121. Essay available online: ontology.buffalo.edu/smith/book/FoGT/Ehrenfels_Gestalt_1932.pdf

von Naredi-Rainer, Paul. *Architektur und Harmonie: Zahl, Maß und Proportion in der abendländischen Baukunst*, 5th ed. Cologne: DuMont, 1995.

Wienands, Rudolf. *Grundlagen der Gestaltung zu Bau und Stadtbau*. Basel: Birkhäuser, 1985.

更多阅读材料

城市规划

Albers, Gerd, and Julian Wékel. *Stadtplanung: Eine illustrierte Einführung*. Darmstadt: Wissenschaftliche Buchgesellschaft, 2008.

Brenner, Klaus Theo. *Die schöne Stadt: Handbuch zum Entwurf einer nachhaltigen Stadtarchitektur*. Berlin: Jovis, 2010.

Feldtkeller, Andreas, ed. *Städtebau: Vielfalt und Integration*. Munich: Deutsche Verlags-Anstalt, 2001.

Hassenpflug, Dieter. *The Urban Code of China*. Basel: Birkhäuser, 2010.

Jessen, Johann, Ute Margarete Meyer, and Jochem Schneider. *Stadtmachen.eu. Urbanität und Planungskultur in Europa*. Stuttgart: Krämer, 2008.

Koch, Michael. *Ökologische Stadtentwicklung: Innovative Konzepte für Städtebau, Verkehr und Infrastruktur*. Stuttgart: Kohlhammer, 2001.

Kraft, Sabine, Nikolaus Kuhnert, and Günther Uhlig, eds. *Post-Oil City, die Stadt nach dem Öl: Die Geschichte der Zukunft der Stadt*. Arch+ 196/197. Aachen: Arch+, 2010.

Streich, Bernd. *Stadtplanung in der Wissensgesellschaft: Ein Handbuch*. Wiesbaden: Verlag für Sozialwissenschaften, 2005.

城市设计

Alexander, Christopher, Sara Ishikawa, and Murray Silverstein. *A Pattern Language: Towns, Buildings, Construction*. New York: Oxford University Press, 1977.

Curdes, Gerhard. *Stadtstrukturelles Entwerfen*. Stuttgart: Kohlhammer, 1995.

Heeling, Jan, Han Meyer, and John Westrik. *Het ontwerp van de stadsplattegrond*. Amsterdam: SUN, 2002.

Kasprisin, Ron. *Urban Design: The Composition of Complexity*. London: Routledge, 2011.

Meyer, Han, John Westrik, and Maarten Jan Hoekstra, eds. *Stedenbouwkundige regels voor het bouwen*. Amsterdam: SUN, 2008.

Prinz, Dieter. *Städtebau*. Vol. 1, *Städtebauliches Entwerfen*, 7th ed. Stuttgart: Kohlhammer, 1999.

Prinz, Dieter. *Städtebau*. Vol. 2, *Städtebauliches Gestalten*, 6th ed. Stuttgart: Kohlhammer, 1997.

Reicher, Christa. *Städtebauliches Entwerfen*. Wiesbaden: Vieweg + Teubner, 2012.

Reinborn, Dietmar, and Michael Koch. *Entwurfstraining Städtebau*. Stuttgart: Kohlhammer, 1992.

城市建筑街区

Firley, Eric, and Caroline Stahl. *The Urban Housing Handbook*. Chichester: Wiley, 2009.

Firley, Eric, and Julie Gimbal. *The Urban Towers Handbook*. Chichester: Wiley, 2011.

Hafner, Thomas, Barbara Wohn, and Karin Rebholz-Chaves. *Wohnsiedlungen: Entwürfe, Typen, Erfahrungen aus Deutschland, Österreich und der Schweiz*. Basel: Birkhäuser, 1998.

Knirsch, Jürgen. *Stadtplätze: Architektur und Freiraumplanung*. Leinfelden-Echterdingen: Alexander Koch, 2004.

Mozas, Javier, and Aurora Fernández Per. *Densidad: Density*. Vitoria-Gasteiz: a + t ed., 2004.

Panerai, Philippe, Jean Castex, and Jean-Charles Depaule. *Vom Block zur Zeile: Wandlungen der Stadtstruktur*. Bauwelt-Fundamente 66. Braunschweig: Vieweg, 1985.

Schenk, Leonhard, and Rob van Gool. *Neuer Wohnungsbau in den Niederlanden: Konzepte – Typologien – Projekte*. Munich: Deutsche Verlags-Anstalt, 2010.

van Gool, Rob, Lars Hertelt, Frank-Bertolt Raith, and Leonhard Schenk. *Das niederländische Reihenhaus: Serie und Vielfalt*. Munich: Deutsche Verlags-Anstalt, 2000.

城市绿化

Becker, Annette, and Peter Cachola Schmal, eds. *Stadtgrün. Europäische Landschaftsarchitektur für das 21. Jahrhundert / Urban Green: European Landscape Design for the 21st Century*. Basel: Birkhäuser, 2010.

Gälzer, Ralph. *Grünplanung für Städte*. Stuttgart: Ulmer, 2001.

Hennebo, Dieter, and Erika Schmidt. *Geschichte des Stadtgrüns in England von den frühen Volkswiesen bis zu den öffentlichen Parks im 18. Jahrhundert*. Geschichte des Stadtgrüns 3. Hanover/Berlin: Patzer, 1977.

Mader, Günter. *Freiraumplanung*. Munich: Deutsche Verlags-Anstalt, 2004.

Richter, Gerhard. *Handbuch Stadtgrün. Landschaftsarchitektur im städtischen Freiraum*. Munich: BLV-Verlagsgesellschaft, 1981.

城市历史

Benevolo, Leonardo. *The European City*. Translated by Carl Ipsen. Oxford: Blackwell, 1993.

Eaton, Ruth. *Ideal Cities: Utopianism and the (Un)Built Environment*. London: Thames & Hudson, 2002.

Gruber, Karl. *Die Gestalt der deutschen Stadt: Ihr Wandel aus der geistigen Ordnung der Zeiten*. Munich: Callwey, 1952.

Gutschow, Niels, and Jörn Düwel. *Städtebau in Deutschland im 20. Jahrhundert: Ideen–Projekte–Akteure*. Stuttgart: Teubner, 2001.

Harlander, Tilman, ed. *Stadtwohnen: Geschichte, Städtebau, Perspektiven*. Munich: Deutsche Verlags-Anstalt, 2007.

Heigl, Franz. *Die Geschichte der Stadt. Von der Antike bis ins 20. Jahrhundert*. Graz: Akademische Druck- u. Verlags-Anstalt, 2008.

Hotzan, Jürgen. *dtv-Atlas zur Stadt: Von den*

ersten Gründungen bis zur modernen Stadtplanung. Munich: Deutscher Taschenbuch Verlag, 1997.

Irion, Ilse, and Thomas Sieverts, eds. *Neue Städte: Experimentierfelder der Moderne*. Munich: Deutsche Verlags-Anstalt, 1991.

Lampugnani, Vittorio Magnago. *Die Stadt im 20. Jahrhundert: Visionen, Entwürfe, Gebautes*. 2 vols. Berlin: Wagenbach, 2010.

Lange, Ralf. *Architektur und Städtebau der sechziger Jahre*. Schriftenreihe des Deutschen Nationalkomitees für Denkmalschutz 65. Bonn: Deutsches Nationalkomitee für Denkmalschutz, 2003.

Lichtenberger, Elisabeth. *Die Stadt: Von der Polis zur Metropolis*. Darmstadt: Primus, 2002.

Mumford, Lewis. *The City in History: Its Origins, Its Transformations, and Its Prospects*. New York: Harcourt, Brace, 1961.

Wolfrum, Sophie, and Winfried Nerdinger, eds. *Multiple City: Stadtkonzepte 1908/2008*. Berlin: Jovis, 2008.

城市理论

Cuthbert, Alexander. *Understanding Cities: Method in Urban Design*. New York: Routledge, 2011.

de Bruyn, Gerd. *Die Diktatur der Philanthropen: Entwicklung der Stadtplanung aus dem utopischen Denken*. Bauwelt-Fundamente 110. Braunschweig: Vieweg, 1996.

Dell, Christopher. *Replaycity: Improvisation als urbane Praxis*. Berlin: Jovis, 2011.

Frick, Dieter. *Theorie des Städtebaus: Zur baulich-räumlichen Organisation von Stadt*. Tübingen: Wasmuth, 2006.

Hilpert, Thilo. "Stadtvisionen der sechziger Jahre." *Arch+* nos. 139/140 (1997): 50–57.

Koolhaas, Rem. *Delirious New York: A Retroactive Manifesto for Manhattan*. New York: Oxford University Press, 1978.

Müller-Raemisch, Hans Rainer. *Leitbilder und Mythen in der Stadtplanung 1945–1985*. Frankfurt am Main: Kramer, 1990.

Rowe, Colin, and Fred Koetter. *Collage City*. Cambridge, MA: MIT Press, 1978.

Venturi, Robert, Steven Izenour, and Denise Scott Brown. *Learning from Las Vegas: The Forgotten Symbolism of Architectural Form*. Cambridge, MA: MIT Press, 1977.

图片版权

项目列表

1956

Siedlung Halen, Bern (CH); Atelier 5, Bern; p. 205

1990

De Resident, Den Haag (NL); Rob Krier + Christoph Kohl, Berlin; p. 212

1991

Conversion of Airport Grounds, Munich-Riem, Munich (D); Andreas Brandt, Rudolf Böttcher, Berlin; p. 25

Conversion of Airport Grounds, Munich-Riem, Munich (D); Frauenfeld Architekten, Frankfurt a. M., mit Baer + Müller Landschaftsarchitekten, Dortmund; p. 101

Potsdamer Platz/Leipziger Platz, Berlin (D); Studio Daniel Libeskind, New York; p. 48

Potsdamer Platz/Leipziger Platz, Berlin (D); HILMER & SATTLER and ALBRECHT, Berlin/Munich, mit G. and A. Hansjakob, Berlin; p. 159

1992

Gartenstadt Falkenberg, Berlin (D); Architekten BDA Quick Bäckmann Quick & Partner, Berlin; p. 125

Südstadt Tübingen (D); LEHEN drei – Feketics, Kortner, Schenk, Schuster, Wiehl, Stuttgart; p. 178, 338 ff

1994

Quartier Vauban, Freiburg i. Br. (D); Kohlhoff Architekten, Stuttgart; p. 179

Ypenburg, Den Haag (NL); Palmbout - Urban Landscapes, Rotterdam; p. 251

1995

Ørestad Masterplan, Copenhagen (DK); ARKKI App. (KHR arkitekter, Copenhagen, mit APRT, Helsinki); p. 94

IJburg, Amsterdam (NL); Palmbout-Urban Landscapes, Rotterdam; p. 250

1996

Masterplan Chassé Terrein, Breda (NL); OMA, Rotterdam/Beijing/Hong Kong/New York, with West 8 Urban Design & Landscape Architecture, Rotterdam/New York; p. 50

Layenhof/Münchwald District, Mainz (D); Ackermann+Raff with Alexander Lange, Tübingen; p. 64

Master Plan for Wasserstadt Berlin-Oberhavel, Berlin (D); Arbeitsgemeinschaft Kollhoff, Timmermann, Langhof, Nottmeyer, Zillich, Berlin; p. 90

Westufer Hauptbahnhof, Darmstadt (D); Atelier COOPERATION Architekten & Ingenieure, Frankfurt a. M.; p. 145

Housing for federal employees, Berlin-Steglitz (D); Geier, Maass, Staab with Ariane Röntz, Berlin; p. 181

Housing for federal employees, Berlin-Steglitz (D); ENS Architekten with Norbert Müggenburg, Berlin; p. 182

1997

Das bezahlbare eigene Haus (The affordable single-family house), Bamberg (D); Melchior, Eckey, Rommel, Stuttgart; p. 124

Theresienhöhe, Munich (D); Steidle + Partner Architekten, Munich, with Thomanek + Duquesnoy Landschaftsarchitekten, Berlin; p. 180

1998

Müllerpier, Rotterdam (NL); KCAP Architects&Planners, Rotterdam/Zurich/Shanghai; p. 279

1999

Mobile Regional Airport (MOB), Greven (D); LK | Architekten, Cologne; p. 56

Mobile Regional Airport (MOB), Greven (D); Fuchs und Rudolph Architekten Stadtplaner, Munich; p. 203

HafenCity Hamburg, Hamburg (D); ASTOC Architects and Planners, Cologne, with KCAP Architects&Planners, Rotterdam/Zurich/Shanghai; p. 92, 305, 324 ff

Grauenhofer Weg, Aachen-Forst (D); Baufrösche Architekten und Stadtplaner with Planungsgemeinschaft Landschaft + Freiraum, Kassel; p. 122

Slot Haverleij, Haverleij, 's-Hertogenbosch (NL); Rob Krier + Christoph Kohl, Berlin; p. 213

2000

Former Airport Grounds, Böblingen/Sindelfingen (D); ap'plan . mory osterwalder vielmo architekten und ingenieurgesellschaft mbh with Kienle Planungsgesellschaft Freiraum und Städtebau mbH, Stuttgart; p. 139

2001

Am Terrassenufer - Urban Redevelopment Ideas for the Pirnaische Vorstadt, Dresden (D); Prof. Günter Telian, Karlsruhe; p. 109

Am Terrassenufer - Urban Redevelopment Ideas for the Pirnaische Vorstadt, Dresden (D); Rohdecan Architekten GmbH with UKL Landschaftsarchitekten, Dresden; p. 208

Herrenweg - Meerlach - Schlack, Kippenheim (D); bäuerle lüttin architekten BDA, Konstanz, with Pit Müller, Freiburg; p. 193

Neugraben – Fischbek Residential District, Hamburg (D); PPL Architektur und Stadtplanung, Hamburg; p. 272

2002
Rund um den Ostbahnhof (Around the east train station), Munich (D); 03 Architekten GmbH, Munich; p. 26

Residential district in the European Quarter, Frankfurt a. M. (D); rohdecan architekten with Till Rehwaldt, Dresden; p. 115

Residential district in the European Quarter, Frankfurt a. M. (D); b17 Architekten BDA , Munich; p. 144

Residential district in the European Quarter, Frankfurt a. M. (D); h4a Gessert + Randecker Architekten with Glück Landschaftsarchitektur, Stuttgart; p. 161

Residential district in the European Quarter, Frankfurt a. M. (D); Spengler • Wiescholek Architekten Stadtplaner, Hamburg; p. 216

Europan 6, 3×2 Elements for the Urban Landscape, Mönchengladbach (D); florian krieger - architektur und städtebau with Ariana Sarabia, Urs Löffelhardt, Benjamin Künzel, Darmstadt; p. 87

Residential District Herzo Base, Herzogenaurach (D); netzwerkarchitekten, Darmstadt; p. 95

Residential District Herzo Base, Herzogenaurach (D); ENS Architekten BDA with Regina Poly, Berlin; p. 105

Residential District Herzo Base, Herzogenaurach (D); studio eu with Stefan Tischer, Berlin; p. 226

Residential District Herzo Base, Herzogenaurach (D); straub tacke architekten bda, Munich; p. 245

Siemens Site Isar-Süd, Munich (D); JSWD Architekten with Lill + Sparla, Cologne; p. 138

Siemens Site Isar-Süd, Munich (D); pp als pesch partner architekten stadtplaner, Herdecke/Stuttgart; p. 138

Mannheim 21 Redevelopment Area, Mannheim (D); ASTOC Architects and Planners, Cologne, with WES & Partner Landschaftsarchitekten, Hamburg; p. 141

Belval-Quest, Esch-sur-Alzette (L); Jo Coenen Architects & Urbanists, Rolo Fütterer, Maastricht, with Buro Lubbers, 's-Hertogenbosch; p. 150, 273

Herosé - Stadt am Seerhein, Constance (D); KLAUS THEO BRENNER STADTARCHI-TEKTUR with Pola Landschaftsarchitekten, Berlin; p. 177

Areal Firnhaberstraße, Augsburg (D); Trojan Trojan + Partner Architekten + Städtebauer, Darmstadt, with Prof. Heinz W. Hallmann, Jüchen; p. 206

2003
Goethe University - Westend Campus, Frankfurt a. M. (D); Rolf-Harald Erz for SIAT GmbH with Dieter Heigl, Munich, and EGL GmbH, Landshut; p. 54

Goethe University - Westend Campus, Frankfurt a. M. (D); JSWD Architekten, Cologne, with KLA – Kiparlandschaftsarchitekten, Duisburg; p. 160

Goethe University - Westend Campus, Frankfurt a. M. (D); pmp Architekten GmbH, Munich, with Atelier Bernburg, Landschafts-Architekten GmbH, Bernburg; p. 191

Barracks site conversion, Karlsruhe-Knielingen (D); Jutta Rump, Roetgen; p. 55

Barracks site conversion, Karlsruhe-Knielingen (D); Architektur und Stadtplanung Rosenstiel, Freiburg i. Br., with faktorgrün Landschaftsarchitekten, Denzlingen; p. 209

Lingang New City, Shanghai (PRC); gmp Architekten von Gerkan, Marg und Partner, Hamburg; p. 13, 58

Nymphenburger Höfe, Munich (D); Steidle + Partner Architekten with realgrün Landschaftsarchitekten, Munich; p. 80

Isoldenstraße Housing, Munich (D); LÉON WOHLHAGE WERNIK with J. Menzer, H.J. Lankes and ST raum a. Landschaftsarchitekten, Berlin; p. 119

Isoldenstraße Housing, Munich (D); Georg Scheel Wetzel Architekten, Berlin, with Dr. Bernhard Korte, Grevenbroich; p. 136

Landsberger Straße - Bahnachse Süd, Munich (D); Rolf-Harald Erz for SIAT GmbH with Bartosch Puszkarczyk, Munich, and EGL GmbH, Landshut; p. 169

Bockenheim Redevelopment Plan, Goethe University, Frankfurt a. M. (D); K9 Architekten with Andreas Krause, Freiburg i. Br.; p. 207

Magdeburger Hafen/Überseequartier, Hafencity, Hamburg (D); David Chipperfield Architects, Berlin, with Wirtz International Landscape Architects, Schoten; p. 111

2004
Europan 7, Hengelo O kwadraat, Hengelo (NL); architectuurstudio BötgerOudshoorn, Den Haag; p. 40

Europan 7, Suburban Frames, Neu-Ulm (D); florian krieger - architektur und städtebau, Darmstadt; p. 52, 267

Mühlpfad/Herrengrund, Schwaigern (D); Prof. Günter Telian with P. Valovic, Karlsruhe; p. 41

Beckershof, Henstedt-Ulzburg (D); Schellenberg + Bäumler Architekten, Dresden; p. 45

Beckershof, Henstedt-Ulzburg (D); APB. Architekten BDA, Hamburg, with JKL Junker + Kollegen Landschaftsarchitektur, Georgsmarienhütte; p. 234

Olympic Village, Leipzig (D); ASTOC Architects and Planners, Cologne, with KCAP Architects&Planners, Rotterdam/Zurich/Shanghai and bgmr Becker Giseke Mohren Richard, Landschaftsarchitekten, Leipzig; p. 194

Technology park for automotive supply sector with residential town, Beijing (PRC); GABRYSCH+PARTNER Architekten Stadtplaner Ingenieure, Bielefeld, with LandschaftsArchitekturEhrig, Sennestadt and Büro Liren, Beijing; p. 99

Affordable Housing, Helsingør-Kvistgård (DK); Tegnestuen Vandkunsten, Copenhagen; p. 172

Masterplan Porte de Hollerich, Luxemburg (L); Teisen - Giesler Architectes with Nicklas Architectes, Luxemburg, BS+ Städtebau und Architektur, Frankfurt a. M., and Landschaftsplaner stadtland, Vienna; p. 232

Südliche Innenstadt, Recklinghausen (D); JSWD Architekten with club L94, Cologne; p. 298

2005

Rosensteinviertel, Stuttgart (D); Prof. Dr. Helmut Bott, Darmstadt, and Dr. Michael Hecker, Cologne, with Dr. Frank Roser Landschaftsarchitekt, Stuttgart; p. 69

Rosensteinviertel, Stuttgart (D); KSV Krüger Schuberth Vandreike, Berlin; p. 98

Rosensteinviertel, Stuttgart (D); pp als pesch partner architekten stadtplaner, Herdecke/Stuttgart, with Agence Ter, Karlsruhe/Paris; p. 188

Marchtaler Straße, Ulm (D); studioinges Architektur und Städtebau with H. J. Lankes, Berlin; p. 142

New Multi-functional Administrative City in the Republic of Corea, Sejong (ROC); LEHEN drei Architekten und Stadtplaner – Feketics, Schenk, Schuster, Stuttgart, with C. Flury, F. Müller, p. Witulski, Constance; p. 163

Senior Living on the English Garden, Landsberg am Lech (D); Nickel & Partner with mahl-gebhard-konzepte, Munich; p. 227

Gilchinger Glatze, Gilching (D); Marcus Rommel Architekten BDA, Stuttgart/Trier, with ernst + partner landschaftsarchitekten, Trier; p. 238

Spitalhöhe/Krummer Weg, Rottweil (D); Ackermann+Raff, Stuttgart/Tübingen; p. 242

Neufahrn-Ost, Neufahrn bei Freising (D); Ackermann+Raff, Stuttgart/Tübingen, with Planstatt Senner, Überlingen; p. 260, 311

Harburger Schlossinsel, Hamburg (D); raumwerk, Frankfurt a. M., with club L94, Cologne; p. 294

geneve 2020 visions urbaines, Genf (CH); XPACE architecture + urban design, Richmond, Australia; p. 304

2006

Europan 8, Kalakukko, Kupio (FIN); CITYFÖRSTER architecture + urbanism, Berlin/Hannover/London/Oslo/Rotterdam/Salerno; p. 39

Europan 8, Stadtgespräch, Leinefelde-Worbis (D); Nicolas Reymond Architecture & Urbanisme, Paris; p. 283

Europan 8, L.A.R.p., Bergen (N); SMAQ - architecture urbanism research, Berlin; p. 290

Kartal Pendik Masterplan, Istanbul (TR); Zaha Hadid Architects, London; p. 44

ThyssenKrupp Quartier, Essen (D); Zaha Hadid Architects, London, with ST raum a. Landschaftsarchitekten, Berlin/Munich/Stuttgart; p. 49

Werkbundsiedlung Wiesenfeld, Munich (D); Meck Architekten with Burger Landschaftsarchitekten, Munich; p. 28

Werkbundsiedlung Wiesenfeld, Munich (D); Allmann Sattler Wappner Architekten GmbH, Munich, with Valentien + Valentien & Partner Landschaftsarchitekten und Stadtplaner, Weßling; p. 79

Werkbundsiedlung Wiesenfeld, Munich (D); Kazunari Sakamoto with Ove Arup; p. 128, 310

Architektur-Olympiade Hamburg, Röttiger-Barracks, Hamburg (D); MVRDV, Rotterdam; p. 74

Architektur-Olympiade Hamburg, Family Housing Hinsenfeld, Hamburg (D); Wacker Zeiger Architekten, Hamburg; p. 192

Auf der Freiheit, Schleswig (D); studioinges Architektur und Städtebau, Berlin; p. 93

Knollstraße Residential Development, Osnabrück (D); ASTOC Architects and Planners, Cologne, with Lützow 7, Berlin; p. 127

Knollstraße Residential Development, Osnabrück (D); STADTRAUM Architektengruppe, Düsseldorf, with Stefan Villena y Scheffler, Langenhagen; p. 221

RiverParc Development, Pittsburgh (USA); Behnisch Architekten, Stuttgart, with architectsAlliance, Toronto, Gehl Architects, Copenhagen, WTW architects, Pittsburgh; p. 153

New Housing along the Ryck River, Greifswald (D); Machleidt GmbH Büro für Städtebau, Berlin; p. 168

New Housing along the Ryck River, Greifswald (D); pp als pesch partner architekten stadtplaner, Herdecke/Stuttgart; p. 268

Schlösserareal and Schlachthofgelände, Düsseldorf (D); buddenberg architekten, Düsseldorf, with FSWLA Landschaftsarchitektur, Düsseldorf/Cologne; p. 175

neue bahn stadt:opladen, Leverkusen (D); ASTOC Architects and Planners, Cologne, with Studio UC, Berlin; p. 233

neue bahn stadt:opladen, Leverkusen (D); pp als pesch partner architekten stadtplaner, Herdecke/Stuttgart, with brosk landschaftsarchitektur und freiraumplanung, Essen; p. 277

2007

Masdar Development, Abu Dhabi (UAE); Foster + Partners, London, with Cyril Sweett Limited, W.p.P Transsolar, ETA, Gustafson Porter, E.T.A., Energy, Ernst and Young, Flack + Kurtz, Systematica, Transsolar; p. 11, 75

Neckarpark, Stuttgart (D); pp als pesch partner architekten stadtplaner, Herdecke/Stuttgart, with lohrberg stadtlandschaftsarchitektur, Stuttgart; p. 278

Bjørvika harbour district, Oslo (N); Behnisch Architekten, Stuttgart, with Gehl Architects, Copenhagen, and Transsolar Klima-Engineering, Stuttgart; p. 291

SV Areal, Wiesbaden-Dotzheim (D); Wick + Partner Architekten Stadtplaner, Stuttgart, with lohrer.hochrein landschaftsarchitekten, Munich; p. 295

Masterplan Port Perm, Russia (RUS); KSP Jürgen Engel Architekten, Berlin/Braunschweig/Cologne/Frankfurt a. M./Munich/Peking; p. 299

Masterplan for Nördliche Wallhalbinsel Lübeck (D); raumwerk, Frankfurt a. M., with club L94, Cologne; p. 301

2009
Residential Districts and Landscape Park, Erlangen (D); Franke + Messmer, Emskirchen, with Rößner and Waldmann, Erlangen, and E. Tautorat, Fürth; p. 31, 173

Residential Districts and Landscape Park, Erlangen (D); Bathke Geisel Architekten BDA with fischer heumann landschaftsarchitekten, Munich; p. 202

Masterplan Neckarvorstadt, Heilbronn (D); Steidle Architekten with t17 Landschaftsarchitekten, Munich; p. 114

Masterplan Neckarvorstadt, Heilbronn (D); MORPHO-LOGIC Architektur und Stadtplanung, Munich, Lex Kerfers Landschaftsarchitekten, Bockhorn; p. 217

Masterplan Neckarvorstadt, Heilbronn (D); Christine Edmaier with Büro Kiefer Landschaftsarchitektur, Berlin; p. 289

Pelikan-Viertel, Hannover (D); pfp architekten, Hamburg; p. 116

Intense Laagbouw De Meeuwen, Groningen (NL); DeZwarteHond, Groningen/Rotterdam; p. 133

Tornesch am See, Tornesch (D); Manuel Bäumler Architekt und Stadtplaner, Dresden; p. 189

Bad-Schachener-Straße Housing Development, Munich (D); florian krieger - architektur und städtebau, Darmstadt, with S. Thron, Ulm, and I. Burkhardt Landschaftsarchitekten, Stadtplaner, Munich; p. 222

Aubing-Ost, Munich (D); pp als pesch partner architekten stadtplaner, Herdecke/Stuttgart, with WGF Landschaftsarchitekten, Nürnberg; p. 224

Industriestraße/Bocholter Aa, Bocholt (D); pp als pesch partner architekten stadtplaner, Herdecke/Stuttgart, with scape Landschaftsarchitekten, Düsseldorf; p. 235

Vechtesee - Oorde, Nordhorn (D); pp als pesch partner architekten stadtplaner, Herdecke/Stuttgart, with Glück Landschaftsarchitektur, Stuttgart; p. 248

Urban Transformation Airport Tempelhof, Berlin (D); Leonov Alexander Alexandrovich with Zalivako Darya Andreevna, Moscow; p. 258

Metrozonen, Kaufhauskanal, Hamburg (D); BIG Bjarke Ingels Group, Copenhagen, with TOPOTEK 1, Berlin, and Grontmij, De Bilt; p. 259

Spatial structure concept for Schmelz Diddeleng (L); ISA Internationales Stadtbauatelier, Stuttgart/Peking/Seoul/Paris, with Planungsgruppe Landschaft und Raum, Korntal-Münchingen; p. 262

Querkräfte, Berlin-Tegel (D); CITYFÖRSTER architecture + urbanism, Berlin/Hannover/London/Oslo/Rotterdam/Salerno, with urbane gestalt, Johannes Böttger Landschaftsarchitekten, Cologne, Steen Hargus, Hannover, and Anna-Lisa Brinkmann Design, Berlin; p. 286

Ackermann Housing Development Gummersbach (D); rha reicher haase associierte GmbH, Aachen, with Planergruppe Oberhausen, Oberhausen; p. 292

Watervrijstaat Gaasperdam (NL); HOSPER NL BV landschapsarchitectuur en stedebouw, Haarlem; p. 309

2010
Europan 10, Eine urbane Schnittstelle neu denken (Rethinking an urban interface), Forchheim (D); gutiérrez-delafuente arquitectos, Madrid; p. 81

Europan 10, Eine urbane Schnittstelle neu denken (Rethinking an urban interface), Forchheim (D); Jörg Radloff, Maximilian Marinus Schauren, Karoline Schauren, Munich; p. 263

Europan 10, PIXELES URBANOS (URBAN PIXELS), Reus (ES); Florian Ingmar Bartholome, Ludwig Jahn, José Ulloa Davet, Barcelona; p. 130

Europan 10, Tiefes Feld - U-Bahn schafft Stadt (Subway creates city), Nürnberg (D); .spf I Arbeitsgemeinschaft Schönle.Piehler. Finkenberger, Stuttgart/Cologne; p. 149

Europan 10, garten>Hof, Vienna-Meidling/Liesing (A); Luis Basabe Montalvo, Enrique Arenas Laorga, Luis Palacios Labrador, Madrid; p. 284

Europan 10, Stärkung urbaner Kerne, Timezones, Dessau (D); Felix Wetzstein, You Young Chin, Paris; p. 303

Development Site D, ÖBB-Immobilien, Vienna (A); Wessendorf Architektur Städtebau with Atelier Loidl, Berlin; p. 88

A101 Urban Block Competition, 100% BLOCK CITY, Moscow (RUS); KCAP Architects&Planners, Rotterdam/Zurich/Shanghai, with NEXT Architects, Amsterdam; p. 100

Rennplatz-Nord Development Zone, Regensburg (D); 03 Architekten GmbH with Keller Damm Roser Landschaftsarchitekten Stadtplaner GmbH, Munich; p. 117

Gutleutmatten District, Freiburg i. Br. (D); ASTOC Architects and Planners with urbane gestalt, Johannes Böttger Landschaftsarchitekten, Cologne; p. 118

Gutleutmatten District, Freiburg i. Br. (D); 03 Architekten GmbH, Munich, with Lex Kerfers Landschaftsarchitekten, Bockhorn; p. 135

Former Freight Yard, Munich-Pasing (D); Daniel Ott and Robin Schraml, Berlin; p. 132

Leben in urbaner Natur (Living in urban nature), Munich (D); Ammann Albers StadtWerke with Schweingruber Zulauf Landschaftsarchitekten BSLA, Zurich; p. 170

Magdeburg Science Quarter (D); De Zwarte Hond, Groningen, with Studio UC, Berlin; p. 280

2011

Innerer Westen, Regensburg (D); 03 Architekten GmbH with Keller Damm Roser Landschaftsarchitekten Stadtplaner GmbH, Munich; p. 66

Innerer Westen, Regensburg (D); Ammann Albers StadtWerke with Schweingruber Zulauf Landschaftsarchitekten BSLA, Zurich; p. 167, 266

EcologyPark, Qingdao (PRC); gmp Architekten von Gerkan, Marg und Partner, Hamburg; p. 70

Freiham Nord, Housing and District Center, Munich (D); florian krieger - architektur und städtebau, Darmstadt, with lohrberg stadtlandschaftsarchitektur, Stuttgart; p. 89

Freiham Nord, District Center, Munich (D); MORPHO-LOGIC Architektur and Stadtplanung with t17 Landschaftsarchitekten, Munich; p. 171

City-Bahnhof, Ulm (D); HÄHNIG|GEMMEKE Freie Architekten BDA, Tübingen; p. 110

Western Fringe Development and Restructuring, Cologne-Roggendorf/Thenhoven (D); Dr. Michael Hecker, Architekt+Stadtplaner with urbane gestalt, Johannes Böttger Landschaftsarchitekten, Cologne; p. 121

Bayerischer Bahnhof Redevelopment Area, Leipzig (D); Wessendorf Architektur Städtebau with Atelier Loidl, Berlin; p. 154

Qingdao Science and Technology City, Qingdao (PRC); KSP Jürgen Engel Architekten, Berlin/Braunschweig/Cologne/Frankfurt a. M./Munich/Peking; p. 156

Vorderer Kätzleberg, Stockach (D); LS Architektur und Städtebau, Stuttgart, with Brau+ Müller Architekten BDA, Constance; p. 240

FredericiaC, Fredericia (DK); KCAP Architects&Planners, Rotterdam/Zurich/Shanghai; p. 281, 288

2012

Funkkaserne Nord, Munich (D); LÉON WOHLHAGE WERNIK with Atelier Loidl, Berlin; p. 140

Europan 11, Central Lake, Kanaalzone, Leeuwarden (NL); BudCud, Krakow; p. 165

Jacob Geelbuurt, Vernieuwingsplan, Amsterdam (NL); JAM* architecten, Amsterdam; p. 293

项目列表

译后记

城市设计内涵广泛，但无论是作为一门学科，还是一项设计工作，抑或是一种思维方法，其核心都与空间构图的基本原则和方法息息相关。从街角的广场到宏大的城市都遵循着一定的形式美的基本准则，不同的是在城市中如何将美学考量与人的行为活动和社会经济等客观条件相结合。在因地制宜地应对各个实践项目差异化的限制条件基础上，为公众创造最优美、最赏心悦目的视觉感受与空间体验是每位城市设计师的追求。在绝大多数条件下，形式美的基本准则本身同时也意味着效率及空间布局的合理性，科学与理性往往隐藏在这些抽象的几何规律之下。

本书正是一本介绍城市设计基本原则、基础理论和相关规划实践的读物。作者从人类对图形的基本感知入手，逐步教会读者如何为这些最为抽象的几何图形赋予空间尺度、城市功能和文化内涵。其书名《设计城市》（Designing Cities）强调了"设计"这一主动的空间创作过程，指出创作的无限可能根生于对基本规律的不同组合与延展。所谓大道至简，城市空间塑造也具有诸多万变不离其宗的法门。对于城市设计的初学者而言，这是一本很好的入门读物，是进一步学习和践行城市设计活动的基石；对于那些长期从事城市设计创作的实践者而言，这同样是一本值得经常翻阅的参考书，可以从大量空间图示原型中找寻创作的灵感。海量翔实的国际化案例，也使得这本书具有了"项目黄页"般的工具书属性，可供不同读者按图索骥地进行针对性和拓展性阅读。

在翻译本书的过程中，三位译者竭尽所能地希望将原著的原貌最大限度地呈现给中文读者们，但受时间及学识所限，译著还有诸多不足之处，请读者们海涵并不吝批评指正。在译著付梓之际，我们要特别感谢长期以来给予我们支持与帮助的董苏华编审，她的耐心校对与修正是本书质量的重要保证；感谢清华大学建筑学院的李诗卉、井琳、张阳、梁潇、刘恒宇、严文欣六位同学，他们分别协助译者进行了第 2、5、8、9、10 章的翻译工作；还有很多在过程中给予我们帮助的师长和同事，在此一并谢过。

2019 年春，于清华园